Andreas Förster

Kundenkommunikation

Andreas Förster

Kundenkommunikation

E-Mails, Briefe und Kampagnen
Multi-Channel-Methoden für Print und Digital

Frankfurter Allgemeine Buch

Bibliografische Information der Deutschen Nationalbibliothek
Die Deutsche Nationalbibliothek verzeichnet diese Publikation in der Deutschen Nationalbibliografie; detaillierte bibliografische Daten sind im Internet über http://dnb.d-nb.de abrufbar.

Andreas Förster
Kundenkommunikation
E-Mails, Briefe und Kampagnen
Multi-Channel-Methoden für Print und Digital

Frankfurter Societäts-Medien GmbH
Frankenallee 71–81
60327 Frankfurt am Main
Geschäftsführung: Hans Homrighausen

1. Auflage
Frankfurt am Main 2014

ISBN 978-3-95601-033-0

Frankfurter Allgemeine Buch

Umschlag Anja Desch, F.A.Z.-Institut für Management-, Markt- und Medieninformationen GmbH, 60327 Frankfurt am Main
Satz Wolfgang Barus, Frankfurt am Main
Titelbild © Thinkstock
Druck CPI Moravia Books s.r.o., Brněnská 1024, CZ-691 23 Pohořelice

Printed in EU

Inhalt

Vorwort

Wenn man mich fragt, warum ich dieses Buch verfasst habe, antworte ich: Es war mir ein Anliegen, und zwar aus nachfolgenden Gründen.

Nichts sehen

Kennen Sie diejenigen, die ihre Augen vor Problemen verschließen und dem internen wie externen Wildwuchs der Unkultur freien Lauf lassen? Mitarbeiter werden bei Projekten in Firmen oft schlecht informiert oder ganz außen vor gelassen. Mitarbeiter bekommen keine Chance, ihren Arbeitsplatz aktiv mitzugestalten. Dies ist zum Nachteil der Kunden.

Nichts sagen

Innovationsbremser: Informations- und E-Mail-Flut bei Mitarbeitern und Kunden. Papierberge, ein nicht mehr sichtbarer Schreibtisch, veraltete Vertriebsmethoden und überholte Software sind die Probleme, denen es Herr zu werden gilt. Nur: Wer hat das Sagen?

Nichts hören

Den Kunden wird zu wenig zugehört. Wie kann man Produkte oder Dienstleistungen anbieten, wenn man nicht weiß, wer der Kunde ist und welche Bedürfnisse er hat? Es mangelt an weitsichtigen kompetenten Kampagnenmanagern, die bereit sind, von alten Zöpfen im Vertrieb loszulassen.

Wo befinden sich in einigen Jahren die Unternehmen, die sich dem Wandel der Kundenkommunikation verschließen und nach wie vor einseitig aus Unternehmenssicht kommunizieren? Wo werden all die Vertriebler landen, die heute (von sich) überzeugt sind, Vertrieb habe nichts mit Marketing zu tun!?

Herausforderungen für Kampagnenmanager
Bei all den rasanten Veränderungen in der Kundenkommunikation, den damit verknüpften neuen Strategien und der dafür erforderlichen, komplexer werdenden Software ist es mir wichtig, modernste Wege auf bewährtem Asphalt zu gehen. Das heißt, die Grundlagen in diesem Buch sind keinen Trends unterworfen und daher nachhaltig. Der Mensch hat fünf Sinne und eine rationale sowie eine emotionale Hirnhälfte. Darauf ist Verlass, solange sich nicht die Genforschung einschaltet. Was sich bereits in einigen Unternehmen rapide geändert hat und sich künftig rasant weiterentwickeln wird, ist stringentes Kunden-Denken und Kampagnen-Lenken!

Ein Buch kann nicht auf alles eine Antwort geben. Ein solcher Anspruch wäre weder solide noch verlässlich zu erfüllen. Meine Dramaturgie zum Aufbruch in die Epoche der Kundenkommunikation 3.0 stellt sich in drei Akten der Problemfokussierung dar, die gefolgt ist vom Aufzeigen der Lösungen:

Nicht sehen wollen: Die Unkultur
Nicht sagen wollen: Die Informationsflut
Nicht (zu)hören wollen: Verharren im Web 1.0

Ein erkenntnisreiches Leseerlebnis wünscht Ihnen

Andreas Förster

Verwendete Terminologie

Kunden/KundInnen/Kundschaft
Damit Texte leseleicht bleiben, werden in diesem Buch sowohl geschlechtsneutrale als auch geschlechtsspezifische Formulierungen verwendet. Wenn von Kunden, Mitarbeitern und Verkäufern die Rede ist, sind beide Geschlechter angesprochen.

Kunden/Customer
steht auch für Interessenten, Abnehmer, Mitglieder, Mitarbeiter, allgemeine Öffentlichkeit usw.

Unternehmen
steht auch für Institutionen, Behörden, Kommunen, Verbände, Werkstätten, Handwerksbetriebe, Manufakturen und andere Unternehmungen.

Texter
steht auch für Informationsgeber, Briefeschreiber, Werbetexter, Schriftleiter, Sekretäre, Sekretärinnen, Sachbearbeiter, Technische Redakteure, Betriebsredakteure usw.

Meine Termini rund um Customer Translation (CT)

Translation
„Übersetzen" steht hier für zielgruppengerechtes Übertragen von Botschaften.

Customer Translation Channeling©
ist das konsistente „Übersetzen" von Inhalten aus der Kundenperspektive über verschiedene Kanäle hinweg.

Customer Translation Campains©
ist das Zusammenspiel zwischen typgerechten, personalisierten und „übersetzten" Medien in Kampagnen.

Customer Translation Change©
ist die Veränderungsbereitschaft zum konsistenten „Übersetzen" von Inhalten. Sie ist notwendig, damit Ihre Organisationen und Ihre Abläufe den sich ständig wandelnden Kundenbedürfnissen anpassen können.

Customer Translation Management©
heißt, dass der Kunde (Customer) Ausgangspunkt aller Prozessschritte im Unternehmen ist. Produkt- und Leistungsnutzen sind auf Bedarfsgruppen zu übertragen (Translation). Intelligente CT-Tools schaffen durch standardisierte Content-Prozesse kundenrelevante Kommunikation und markenkonforme Kampagnen (Management).

Customer Translation Typology©
Die Kundenprofile in ihrer reinen Form gibt es natürlich nicht. Sie treffen nicht auf einzelne Menschen, sondern auf Gruppen zu. Vorteil: Durch Vereinfachen erhalten Mitarbeiter ein verständliches Bild.

Kundenkommunikation 3.0

„Ein gutes Ross zieht langsam an" – so lautete noch vor wenigen Jahrzehnten der Leitspruch eines Siemens-Vorstandsvorsitzenden. Das Motto ist nicht mehr zeitgemäß.

Michael Psotta, Wirtschaftsjournalist (F.A.Z.)

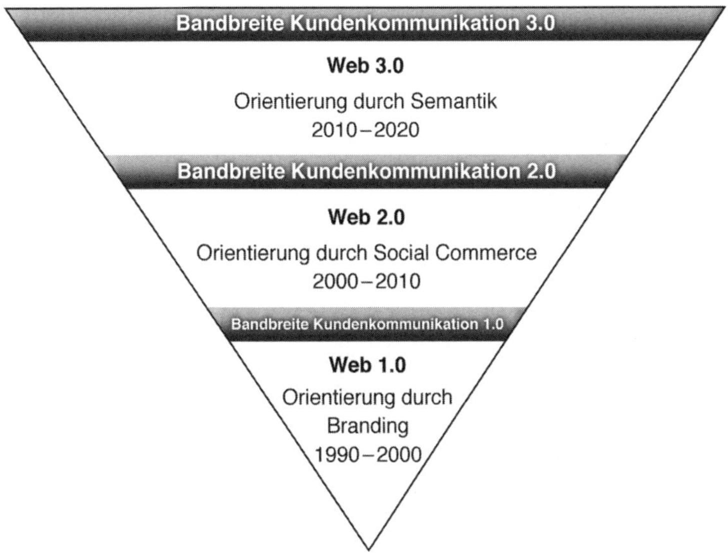

Abbildung 1: Bandbreiten der Kundenkommunikation (Quelle: Förster & Förster Archiv)

Kundenkommunikation ist mindestens so alt wie der Handel im alten Rom. Doch die Bandbreite der Möglichkeiten, mit Kunden zu kommunizieren, ist heute größer denn je.

Das Geburtsjahr der ersten Generation strategischer Kundenkommunikation wurde spätestens 1954 mit der Veröffentlichung des Buchs „Verkaufskunst im Photohandel" von Bernd Erich Wulfert eingeläutet. Der Initiator des Buches war der damalige Direktor der Agfa-Photofabrikation Dr. Bruno Uhl.

„Man muss seine Kunden kennen, ihre Interessen und Wünsche. Dementsprechend muss man sich einstellen. Nur so kann man mit persönlichem Interesse bedienen und wahren Kundendienst pflegen." (Wulfert, 1954) Wie aber sollte man dieses Wissen gewinnen?

Zu jener Zeit gab es noch kein Internet. Nicht einmal ein Faxgerät. Das war für Dr. Uhl damals kein Problem. Er gab Wulfert den Auftrag: „Reisen Sie durch das Bundesgebiet und sammeln Sie Erfahrungen als Photokunde." Daraus entstanden die heutigen Fotoläden, die Vorläufer von „Customer Journey" und „Touchpoints".

Erst Anfang der 1990er Jahre kam das Web der ersten Generation hinzu. Web 1.0 war nichts anderes als eine Unmenge von statischen Webseiten, verknüpft mit Hyperlinks. Kunden konnten sich erstmals am Computer über Produkte und Leistungen informieren, Angebote untereinander vergleichen und bei Bedarf auch auf diesem Weg Online-Bestellungen aufgeben.

Um die Jahrtausendwende folgte die zweite Generation des Internets, Web 2.0. Diese Bezeichnung war nie eindeutig standardisiert, doch aus der Sicht des Zusammenspiels zwischen Mensch und Technik sowie aus der Perspektive des Marketings wurde erst durch diese Evolutionsstufe in den Jahren 2003/2004 die Kundenkommunikation 2.0 möglich. Seither ist der Kunde am Web aktiv beteiligt und stellt selbst Informationen ins Netz. Web 2.0 war der Beginn von Social Media – der digitalen Technologie, um sich miteinander zu vernetzen. Neue Webservices wie YouTube, Facebook, XING, RSS, Blogs, Wikis etc. sind entstanden.

Der Sprung zur dritten Generation, dem „Semantic Web 3.0", wurde schon vor Längerem in Artikeln angekündigt, unter anderem 2011 in der New York Times von dem US-amerikanischen Journalisten John Markoff: „Web 2.0, which describes the ability to seamlessly connect applications (like geographic mapping) and services (like photo-sharing) over the Internet, has in recent months become the focus of dot-com-style hype in Silicon Valley. But commercial interest in Web 3.0 – or the ‚semantic Web', for the idea of adding meaning – is only now emerging."

Mit anderen Worten: Web 2.0 hat das Andocken von Applikationen ermöglicht (wie Geo-Mapping oder das Teilen von Fotos mit Freunden über das Internet). Infolge der Einführung neuer Technologien entstanden etliche neue Arten von Internetdienstleistungen, die sich rasant verbreiteten.

Das kommerzielle Interesse am Web 3.0 entsteht erst nach und nach. Das Semantische Web 3.0 ist in der Lage, die von Menschen zusammengetragenen Informationen zu verstehen. Die Schriftsprache im

Internet wird dazu mit eindeutigen Metadaten (Beschreibungen) ihrer Semantik (Bedeutung) erweitert. Computer bzw. die entsprechende Software „versteht" die Inhalte, kann sie verarbeiten und eindeutig zuordnen. Der Content wird von Maschinen interpretiert und kann miteinander in Beziehung gesetzt werden. Damit entsteht ein „intelligentes" Web, das man befähigt, selbständig Informationen logisch zu verknüpfen und Daten zu verarbeiten. Das Internet führt dann seinen Benutzer wie einen Scout oder Berater zu den für ihn relevanten Informationen. Suchmaschinen könnten überflüssig werden.

Das Web 3.0 bietet Möglichkeiten wie nie zuvor, Kundenwünsche in den Mittelpunkt zu stellen. In dieser Dekade heißt es, die benutzerfreundliche, flexible, intuitive Kundenkommunikation 3.0 zu realisieren und sich damit seinen Wettbewerbsvorteil zu verschaffen. Die HTML5-Technologie unterstützt das Strukturieren und das semantische Auszeichnen von Inhalten in Dokumenten. Diese Technologie bietet neue Funktionen, die bisher nur mit zusätzlichen Plug-ins oder Apps möglich waren.

Bei aller Hightech-Faszination: Nur wer die sozialen Faktoren seiner Kunden kennt, kann diese nutzen. Dieses Buch zeigt Ihnen daher, wie Web 3.0 unter anderem mit Hilfe von Data-Mining (automatische Auswertung großer Datenmengen zur Bestimmung von Regelmäßigkeiten und Zusammenhängen) oder mit Cloud Component Frameworks (Softwarebausteine ohne Installation, Bsp.: MS Word) in die Kundenkommunikation 3.0 heute schon eingebunden werden können.

Weiche Faktoren wie Kundendialog und Kundenverhalten rücken vor die harten Faktoren. Strukturen und Prozesse sind künftig aus dem Fokus des Wissens um die Bedürfnisse des Kunden zu bewerten. Die menschlichen Faktoren werden weit wichtiger, die technokratischen sind lediglich Mittel, um das Ziel der Kundenorientierung zu erreichen.

Der Report des Softwareunternehmens Genesys hat es bestätigt: Manager übersehen häufig, dass der wirtschaftliche Erfolg vom motivierten Handeln seiner Kunden abhängt. Kundengesellschaft und -vernetzung sind keine Stichworte von morgen, sondern längst Alltag. Unternehmen, die wissen, was für Kunden relevant ist, können ihre Zukunft erfolgreich gestalten. Wissen über Kundenverhalten sowie eine typgerechte Kundenkommunikation werden zum wichtigsten Produktivfaktor der Unternehmen. Daher müssen Sie die Organisation komplett auf die Bedürfnisse der Kundengesellschaft ausrichten:

Von der unternehmerischen Leistung zur/zum kundenbezogenen
- Hinwendung
- Nutzenstiftung
- Verhalten
- Verantwortung
- Flexibilität
- Individualität
- Vernetzung
- Kommunikation

Der Kunde als treibende Kraft des Erfolgs wird bei börsenorientiertem Denken und Handeln seitens des Managements sträflich vernachlässigt. Die unüberschaubare Komplexität und rasante Expansion der Finanzmärkte, in denen Computer über Kurse entscheiden, lenkt Unternehmen von ihrer wichtigsten Aufgabe ab: die Komplexitäts- und Distanzreduktion in der Kundenkommunikation durch standardisierte, individualisierte und emotionalisierte Dialogprozesse.

Natürlich muss auch solch eine „Kundenunternehmung" wirtschaftlich arbeiten. Sicherlich wird der Wettbewerbsvorteil nicht durch Kostensenkungsmaßnahmen wie dem Abbau des „Humankapitals" erreicht, sondern durch Differenzieren – durch kundenbezogenes Denken und Handeln.

Die authentische Leitlinie der Drogeriekette dm ist ein gutes Beispiel dafür, worum es geht: „Hier bin ich Mensch, hier kauf ich ein." Keine Parole, sondern Engagement für den Kunden. Vertrauen in die Marke dm ist die beste Form der Kundenbindung. Die Eigenmarken des deutschen Branchenprimus sind beliebt, viele Kunden kaufen dort, weil sie annehmen, dass die Qualität stimmt und auch das Mitarbeiterwohl vor der Rendite steht. Dabei ist dm mit seinen Dauertiefpreisen nicht unbedingt immer billiger als die Konkurrenz. Die subjektive Wahrnehmung entscheidet über Markentreue, nicht die Produkte selbst. Das Erfolgsgeheimnis brachte das Magazin „Wirtschaftswoche" 2012 auf den Punkt: „Im Grunde macht dm all das richtig, was Schlecker falsch machte." Helle, großzügige Atmosphäre, Miniautos als Einkaufswagen für Kinder, klassische

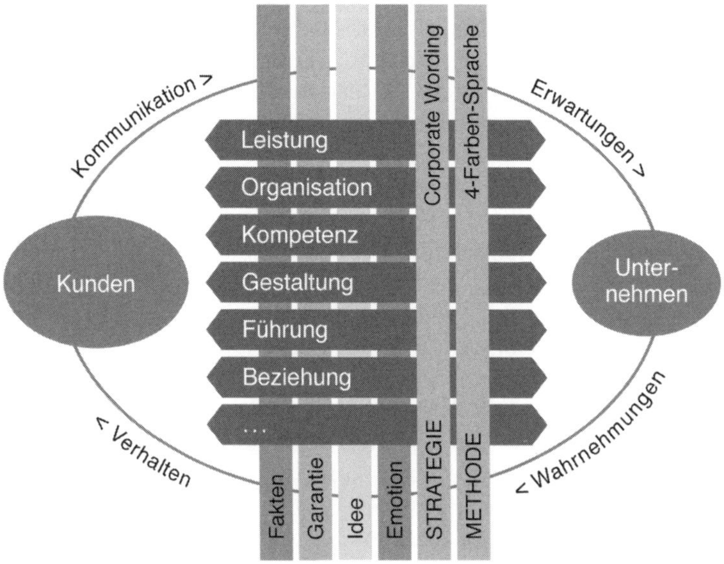

Abbildung 2: CW-Kommunikationsmodell (Quelle: Förster & Förster Archiv)

Einkaufswagen mit Leselupen, breite Gänge, angenehmes Arbeitsklima, motivierte Mitarbeiter – das „steckt Kunden an“.

Eine „Kundenunternehmung“ wird nicht zuvorderst aus rein wirtschaftlichen Zwecken geführt, sondern stiftet in erster Linie seinen Kunden einen hohen Nutzen. Im Mittelpunkt stehen die Kunden statt der Kapitalgeber. Der Gewinn ist eine logische Folge, der „angenehme Nebeneffekt“.

Der neue Kundenfokus in der Web-3.0-Dekade ist das tragende Fundament, und dadurch stimmen am Ende auch die wirtschaft-lichen Ergebnisse. Kundenorientierung mit all seinen bewährten wie neuen Möglichkeiten, die in diesem Buch zur Sprache kommen, wird zum Ausgangspunkt aller Kommunikationsprozesse.

Um dies zu realisieren, bedarf es eines adäquaten Kommunikationsmodells, das einen geschlossenen Kreislauf aller Kommunikationsaktivitäten bietet, wie hier kurz skizziert und im Kapitel „Closed Loop Marketing“ vertieft wird.

In vielen Seminaren wird mit Parolen gearbeitet wie „Zuerst der Mensch, dann die Technik“, „Der Kunde als Prosument“ (ein Kofferwort, bestehend aus Produzent + Konsument), „Augen auf und durch!“ usw. Sie klingen teils reißerisch, dahinter können aber gute und wichtige Ansätze stehen.

Zuerst der Mensch, dann die Technik? In diesem Buch wird umgekehrt ein Schuh daraus: Erst der Einsatz intelligenter Software für komplexe Kundenkommunikation ermöglicht es, den Kunden in den Mittelpunkt seiner Bedürfnisse zu rücken. Prosument? Der Kunde ist mehr als ein „Produzent“ von Informationen im Internet – er ist Teil des Dialogs mit und über Unternehmen! Augen auf und durch? Zuhören und Beobachten sind in Ordnung. Doch nicht mit dem Kopf durch die Wand agieren, sondern die Sprache des Kunden nutzen, damit der Kunde bestätigt: „Das sind Menschen, die mich verstehen und meine Lebenswelt kennen.“

Ich spreche daher von „Customer Translation Management“, kurz: CTM: „Der Kunde (Customer) ist Ausgangspunkt aller Prozessschritte im Unternehmen. Produkt- und Leistungsnutzen sind auf Bedarfsgruppen zu übertragen (Translation). Intelligente CT-Tools schaffen durch standardisierte Content-Prozesse kundenrelevante Kommunikation und markenkonforme Kampagnen (Management). Das ist mein Grundsatz für die Kundenkommunikation 3.0.

Die zunehmende Dynamik der informierten Kundengesellschaft erhöht den Druck der Reaktionsgeschwindigkeit. Viele scheuen sich deshalb davor, weil sie der irrigen Meinung sind, der Inhalt würde immer komplexer werden. Das Gegenteil ist aber der Fall: Ganzheitliches Customer Translation Engineering vereinfacht die Dialogbewältigung, vereinfacht Schreib- und Kommunikationsprozesse, reduziert den Inhalt und schmälert Kosten sowie Zeitaufwand.

Unternehmen, die es versäumen, diesen Hebel anzusetzen, werden dem Informationsdruck in der Web-1.0-Manier nacheifern und dabei erstarren, weil sie die Informationsflut auf herkömmliche Weise nicht mehr bewältigen und von ihren eigenen Informationsbergen überschüttet werden.

Die drei Problemfaktoren der Kundenkommunikation

In diesem Buch lernen Sie drei Schritte kennen, die von der klassischen Kundenkommunikation zum neuen Customer Translation Management führen.

Zuvor war es wichtig, den typischen Ursachen der mangelhaften Kundenkommunikation auf den Grund zu gehen. Denn jede identifizierte Ursache bietet die Chance, diese positiv umzukehren und für die Strategie der Kundenkommunikation 3.0 zu nutzen.

Die drei häufigsten Problemfaktoren stammen direkt aus der Praxis. Als Basis dazu dienten Einblicke in verschiedenste Unternehmen unterschiedlichster Branchen, die ich in mehreren Projekten über zwei Jahre begleitet habe. Dabei ging es im Wesentlichen um das Neupositionieren eines Unternehmens, um das Entwickeln eines Lean-Communication-Konzepts, um das Optimieren des Reklamationsmanagements und schließlich um das Implementieren von Softwaretools zur Textoptimierung.

Das Ergebnis meiner Praxisanalyse: Es sind drei Kriterien, welche den Erfolg der Kundenkommunikation am häufigsten negativ beeinflussen:

- die Unkultur in Unternehmen,
- die Informationskomplexität,
- das Verharren im Web 1.0.

Nichts sehen

Problemfaktor 1: Die Unkultur

Geschäftsführung ist die Kunst, die Mitarbeiter und Kunden so schnell über den Tisch zu ziehen, dass sie die Reibungshitze als Nestwärme empfindet.
Georg Kofler, ehem. Premiere-Geschäftsführer

Unternehmenskultur: Der sterbende Schwan?

Kultur ist die Summe aller Aktivitäten einer Unternehmung. Die meisten Firmen übersehen, dass die Unternehmenskultur, die sie nach innen und außen leben, maßgeblich das wirtschaftliche Ergebnis beeinflusst. Wenige Unternehmen setzen ihre am Kunden orientierte Leitkultur in der täglichen Kundenkommunikation auch tatsächlich um. Sie verzichten damit auf einen der wichtigsten Erfolgsfaktoren.

Für eine am Kunden desorientierte (Un-)Kultur geben Callcenter das beste Negativbeispiel ab: Das Ressourcen-Management gibt vor, dass bei Support-Anfragen ein Gespräch maximal drei Minuten dauern darf. Der Effekt, der sich dahinter verbirgt: Mitarbeiter versuchen, diese Zeit untereinander durch Konkurrenzkämpfe zu unterbieten. Womöglich ist das seitens des Managements so gewollt. Resultat: Der Service leidet darunter. Idealziel sollte daher sein, das Anliegen der Kunden zu erfüllen, egal wie lange es dauert. Das erfordert aber ein radikales Umdenken, damit die auf Dauer für das Unternehmen ruinöse Prozesszeiten-Erbsenzählerei – die Vorgaben des Ressourcen-Managements – ein Ende hat. Menschen sind auf Dauer keine Hochleistungsmaschinen!

Die Unternehmenskultur kann bei genauerer Betrachtung in zwei Bereiche gegliedert werden: zum einen in den internen Bereich, also wie Mitarbeiter behandelt und informiert werden, und zum anderen in den externen Teil, wie sich die Mitarbeiter im Umgang mit Kunden in Folge des Führungsstils und dem damit verbundenen Betriebsklima verhalten.

Zuerst gehe ich kurz auf die Kultur der Mitarbeiterführung ein: Ausnahmslos alle Mitarbeiter, gleich in welcher Position, müssen hinter ihrem Arbeitgeber stehen und dessen Ziele hoch motiviert vertreten. Viele Firmenchefs sehen Menschen lediglich als einem kalkulierbaren Produktionsfaktor. Sie würdigen weder am Kunden orientierte Leistungen noch interessieren sie sich für die einzelne Person.

„Rationalisierung definiert sich als Beseitigung aller innerbetrieblichen Unwirtschaftlichkeiten." (www.wirtschaftslexikon24.com, 2013)

Prozesszeiten werden gekürzt und eine rasante Time-to-Market (Produkteinführungszeit) durchgesetzt. Arbeitskräfte müssen immer mehr und komplexere Aufgaben übernehmen, die sie zusammen mit der Informationsflut fast handlungsunfähig machen. Mitarbeiter geraten immer häufiger in dieses Hamsterrad.

Es wird zeitraubender und anspruchsvoller, die tägliche Flut aus E-Mails, Telefonaten, Sitzungen, Literatur und Briefen zu bewältigen. Mit dem Smartphone bewaffnet, schaut man im Urlaub täglich in die Firmenmailbox und selektiert schon mal vor. Was für ein Urlaub? Immer mehr Informationen prasseln auf uns ein.

„Das Gehirn ist in erster Linie ein Filterorgan, nicht so sehr ein Speicherorgan. Es kann natürlich auch speichern, aber in erster Linie schützt es uns vor der Überflutung mit Informationen und lässt nur willkommene Neuerfahrungen hinein. Das, was eine willkommene Neuerfahrung ist, kann der Mensch immer nur selbst in seinem Inneren bestimmen. Wenn er Zugang dazu hat, dann sind Lernprozesse leicht, machen Spaß und sind nachhaltig erfolgreich. Wenn er keinen Zugang dazu hat, funktionieren sie nicht." (Dr. Gerhard Huhn, 2006)

Prozesszeiten kürzen, rationalisieren, Aufgaben anderer übernehmen bei weniger Gehalt, das nicht Einhalten von Terminen und Vereinbarungen – eine endlose Kette schwacher Glieder: Wie wichtig die Glaubwürdigkeit für ein Unternehmen ist, wird meistens erst in Krisenzeiten erkennbar. Dann hält die Kette dem Druck nicht mehr stand. Schwache oder überzeugende Kundenkommunikation entscheidet besonders bei Problemen im Unternehmen über horrende Summen.

Kundenkommunikation 3.0 heißt, die Menschen, die sich an ein Unternehmen wenden, ernst zu nehmen. Schließlich finanzieren sie die Gehälter, indem sie für Leistungen oder Produkte bezahlen. Das Engagement um Kunden fängt beim ersten Kontakt an und darf an keiner Stelle enden. Denn 3 Prozent mehr Kundenloyalität bringen zum Beispiel einem Automobilhersteller rund 600 Millionen Euro mehr Umsatz im Inland. Hinter jeder Kundenbeschwerde stecken rund zwei Dutzend weitere verärgerte Kunden, die aber schweigen. Unzufriedene Kunden geben ihre negativen Erlebnisse mit dem Unternehmen an acht bis 16 andere Menschen weiter. Wird durch die Kunden gar eine Täuschungsabsicht bemerkt, so ist der Schaden nur schwer wiedergutzumachen.

In Ausnahmefällen gelingt es, über Leitsätze eine an der Kundenzufriedenheit orientierte Verhaltenskultur auszuarbeiten, diese zu kommunizieren und dann tatsächlich auch Tag für Tag vorzuleben. Erfolgreiche Vorzeigeunternehmen, denen dies gelungen ist, genießen ein hohes Image dank zufriedener Kunden. Dies spiegelt sich in Image-Studien und Kundenzufriedenheits-Reports.

Unternehmen müssen Einbußen hinnehmen, wenn sie die Kundenerwartungen nicht oder nur unzureichend erfüllen. Doch ständige Überstunden, Überbelastung durch unterbesetzte Abteilungen und unrealistische Prozesszeiten-Vorgaben bieten Anlass zu Unmut und führen auch in der Kundenkommunikation zu Konflikten. Weniger Beschäftigte – immer mehr Arbeit: Diese Rechnung geht nicht auf. Am Ende des Wegrationalisierens bliebe nur der Vorstand übrig! Diese Unkultur mindert die Qualität der Arbeitsleistung und wirkt sich somit auch negativ auf das Arbeitsklima und letztendlich auf die Kunden sowie den Gewinn des Unternehmens aus.

Eine Studie des Bundesministeriums für Arbeit und Soziales zur Unternehmenskultur untersuchte im Februar 2008 die Arbeitsqualität und das Mitarbeiterengagement in deutschen Unternehmen und unterschied vier Mitarbeitertypen:

1. Aktiv-Engagierte
2. Passiv-Zufriedene
3. Akut-Unzufriedene
4. Desinteressierte

Zu den „Aktiv-Engagierten“ zählen 31 Prozent. Für sie machen die Forscher eine hohe Arbeitszufriedenheit und eine hohe Identifikation mit ihrem Arbeitgeber aus. Sie möchten noch lange bei ihrem Arbeitgeber bleiben, sie zeigen von den vier Typen die höchste Einsatzbereitschaft und identifizieren sich stark mit ihrer Tätigkeit: Für sie ist ihr Beruf mehr als nur ein Mittel, um Geld zu verdienen.

Die „Passiv-Zufriedenen“ bilden mit 37 Prozent der Befragten die größte Gruppe. Sie sind mit ihrer Arbeit insgesamt relativ zufrieden. Sie identifizieren sich überdurchschnittlich mit ihrem Arbeitgeber und zeigen eine relativ hohe Bindung. Andererseits weisen sie eine nur durchschnittlich ausgeprägte Einsatzbereitschaft auf und achten auch weniger stark darauf, ihr Wissen und ihre Fähigkeiten auf dem Laufenden zu halten.

Die „Akut-Unzufriedenen“ bilden die drittgrößte Gruppe mit 18 Prozent. Bei ihnen stellte die Untersuchung eine sehr geringe Arbeitszufriedenheit und eine sehr schwache Identifikation mit ihrem Arbeitgeber fest. Die Forscher betonen die extrem geringe Bindung der „Akut-Unzufriedenen“ an das Unternehmen und sprechen von „innerer Kündigung“. Die Gruppe zeigt die geringste Einsatzbereitschaft unter den vier Typen.

Die „Desinteressierten“ machen laut der Studie 14 Prozent der Arbeitnehmer aus. Sie messen der Berufstätigkeit grundsätzlich geringe Bedeutung zu. Deutlich weniger als die anderen Typen sind sie bemüht, ihre Arbeit mit Freude zu erledigen und ihr berufsbezogenes Wissen auf dem Laufenden zu halten.

Arbeitszufriedenheit und Engagement der „Desinteressierten“ sind nur unterdurchschnittlich ausgeprägt. Sie erleben ihre Firma und die Arbeit aber weniger negativ als die „Akut-Unzufriedenen“.

Überträgt man diese Typologie auf die Qualität der Kundenkommunikation ergibt sich folgende Logik:

1. „Aktiv-Engagierte“ übertreffen die Kundenerwartungen und begeistern ihre Kunden, weil sie selbst von dem, was sie anbieten bzw. tun, überzeugt sind und voll dahinterstehen.
2. „Passiv-Zufriedene“ erbringen durchschnittlichen Kundenservice und erfüllen allenfalls die Erwartungen der Kunden.
3. „Akut-Unzufriedenen“, die sich nicht an das Unternehmen gebunden fühlen, fehlt das Gespür, Kunden durch ihre Leistungen langfristig zu binden.
4. „Desinteressierte“ messen ihren Kunden eine geringe Bedeutung zu. Die innere Einstellung entspricht dem Buchtitel „Das Einzige was stört, ist der Kunde“.

Ausnahmen bestätigen diese Regeln: Es gibt Mitarbeiter, die ihre akute Unzufriedenheit gegenüber dem Kunden verbergen. Ihnen gebührt eine besondere Wertschätzung.

Mitarbeiterführung braucht Kommunikation sowie Information

Verantwortliche Führung beruht auf wechselseitiger Anerkennung und gegenseitigem Vertrauen. Im Idealfall heißt das: kommunikativ führen und transparent informieren. Beziehen Sie Ihre Mitarbeiter in die Entstehungsprozesse mit ein. Diskutieren Sie mit ihnen über Aufgaben sowie Ziele und profitieren Sie gemeinsam von neu gewonnenen Erkenntnissen. Treffen Sie Entscheidungen, die mit den vereinbarten Zielen übereinstimmen, und vereinbaren Sie gemeinsam ein geeignetes Controlling.

Die Ursache mangelhafter Kundenkommunikation kann auch bei Führungskräften liegen, die ihre Mitarbeiter oft unüberlegt und verletzend angehen, indem sie diese

- zurechtweisen,
- mit Missachtung strafen,
- die Selbstachtung zerstören,
- mit unterschiedlichsten Mitteln und Methoden demotivieren und
- den Leistungsdruck auf das Team durch gezieltes Einzellob vor allen erhöhen.

All das wirkt sich auf die Qualität der Kundenkommunikation aus. Wie man in den Wald hineinruft – firmenintern –, so schallt es zum Kunden heraus. So wie man einen Mitarbeiter intern behandelt, so reagiert dieser extern darauf. Wer als Arbeitgeber unhöflich agiert, dessen Kunden werden auch unhöflich von seinen Mitarbeitern behandelt. Beste Belege dafür sind Antworten auf Reklamationsbriefe: Da werden Kunden zurechtgewiesen und deren Probleme missachtet. (Corporate Wording, 2003)

Rund drei Viertel aller Unternehmen verfügen über ein Leitbild. Doch Vielfach ist es ein Einheitsbrei mit gleichen Inhalten – so das Ergebnis einer Studie, die an der HAW Hochschule Amberg-Weiden durchgeführt wurde. Die folgenden Beispiele stellen Unternehmensaussagen aus unterschiedlichsten Branchen dar.

Beispiel „Kundenorientierung":
- „Unser Kunde steht im Mittelpunkt." (Maschinenbau)
- „Wir stellen den Kunden in den Mittelpunkt unseres Denkens und Handelns." (Logistik)

Beispiel „Mitarbeiterorientierung":

- „Unsere Mitarbeiter sind wesentliche Stützen unseres Erfolgs." (Energieversorgung)
- „Unsere Mitarbeiter sind unser wichtigstes Kapital." (Finanzdienstleistung)
- „Unser wichtigstes Kapital sind unsere Mitarbeiterinnen und Mitarbeiter." (Finanzdienstleistung)

Des Weiteren fällt auf, dass Leitbilder vorwiegend beschreiben, aber selten die Handlungsebene erreichen. In der Regel wird einfach nur etwas behauptet.

Beispiele:

- „Wir sind kreativ und innovativ." (Energieversorgung)
  An welchen Unternehmensleistungen wird das sichtbar?
- „Qualifizierte und leistungsbewusste Mitarbeiter sind Grundlage des Unternehmenserfolgs." (Maschinenbau)
  Was wird in diesem Zusammenhang für die Mitarbeiter getan?
- „Wir sind Partner für alle Kunden." (Finanzdienstleistung)
  Woran merken das die Kunden?

(Corporate Wording®, 2003)

Einige Leitsätze verantwortlicher Mitarbeiterführung

- Übertragung einer klaren Rolle an jeden der Geführten
- Persönlichkeit des Mitarbeiters in jeder Situation respektieren
- Mitarbeitern die Integration im Unternehmen so einfach wie möglich gestalten

Zusammengefasst bedeutet das für Führungskräfte, besonders in Marketing und Vertrieb: „Menschen so behandeln, dass man die gleiche Behandlung bei umgekehrten Rollen voll akzeptieren würde." (Corporate Wording®, 2003)

Das lohnt sich finanziell: Gut motivierte Mitarbeiter tragen besonders zum Unternehmenserfolg bei, da sie die Firma bereitwillig stärken.

„Kunden so behandeln, dass man die gleiche Behandlung bei umgekehrten Rollen voll akzeptieren würde", diese Handlungsmaxime bekommt im Zusammenhang mit dem Erfassen von Kundendaten eine neue Dimension. Unternehmen unterschätzen die Kundenangst vor „Big Data" und das Risiko undichter Stellen in den eigenen Mitarbeiterreihen. Gibt man in Google die Begriffe „Leitbild" und „Datenschutz" ein, bekommt man nur das Leitbild des Berufsverbandes der Datenschutzbeauftragten Deutschlands (BvD) e.V., das spricht für sich. Welches Unternehmen versichert seinen Kunden im Leitbild eine datenschutzgerechte Verarbeitung ihrer Daten? Dies muss sich ändern und zur ausnahmslosen Pflicht aller Mitarbeiter werden.

In der Gesellschaft geht dieses Vertrauen zunehmend verloren. Die Ursache: „Topmanager erweisen sich als Trendsurfer. Politiker bieten schlichte Antworten. Eliten scheuen das Risiko. So geht der wichtigste Schmierstoff des Kapitalismus verloren: Vertrauen." (Die Zeit 12/2004)

„Wer nicht lächeln kann, sollte keinen Laden aufmachen", lautet eine chinesische Weisheit. Stellen Sie Ihre Unternehmenskultur auf die Probe. Können Sie alle folgenden Fragen mit Ja beantworten? Dann sind sie auf dem besten Weg oder zählen schon zu den Leadern.

- Leben Vorgesetzte die Mitarbeiterorientierung vor?
- Vermittelt die Unternehmensleitung das Gefühl, langfristig gesicherte Arbeitsplätze anzubieten?
- Ist Leistungsorientierung schon tägliche Praxis?
- Sind Führungskräfte gegenüber Mitarbeitern aufgeschlossen und informationsfreudig?
- Stehen Kunden im Mittelpunkt des Handels und Denkens?
- Sind Sie sich Ihrer gesellschaftlichen wie sozialen Verantwortung stets bewusst?
- Sind alle flexibel und anpassungsfähig?
- Ist Qualitätsorientierung ein fest verankerter Standard?

Ziel ist es, die Mehrheit der Mitarbeiter durch gemeinsame Wertvorstellungen mit ins Boot zu holen.

Wie schaffen es Unternehmen, eine „geplante Kultur" zu leben, die nach innen und außen ein in sich stimmiges, positives Bild abgibt? Am besten gelingt dies mit einer Leitidee und einem Leitbild, passend zur Corporate Identity.

Das Verhalten von Führenden und Mitarbeitern stützt nachhaltig die gewünschte Positionierung – gemeinsam mit dem Erscheinungsbild und der Kommunikation.

Jeder Brief, jedes Telefonat, jedes Verhalten eines Unternehmens wird vom Kunden unbewusst oder bewusst beobachtet und bewertet. Wenn sich zwischen dem Unternehmensauftritt und der tat- sächlichen Mentalität ein Graben auftut, zieht dieser das Unternehmen und seinen gesamten Auftritt in Zweifel. Sämtliche kostspieligen Werbebotschaften und Markenversprechen werden unglaubwürdig und minimieren Kaufentscheidungen. Durch soziale Interaktionen im Internet schlagen Fehltritte sehr schnell hohe Wellen, die das Image auf Jahre hin schädigen können. Mit einem enorm finanziellen Aufwand kann dieser Schaden nur in Teilen behoben werden.

Durch eine fehlende oder mangelhafte Kultur geraten Unternehmen immer mehr in Zugzwang. Negative Schlagzeilen bis hin zur Ausbeuterkultur sind an der Tagesordnung. Geht die Schere zwischen dem, was das Management postuliert, und der gelebten Realität auseinander, spricht man von einer „Cultural Gap“:

Diese kulturelle Kluft ...
- schwächt die Identifikation der Mitarbeiter mit dem Unternehmen,
- erhöht zeitraubende Grundsatzdiskussionen,
- stellt Hürden auf den Weg zu kurz-, mittel- und langfristigen Unternehmenszielen,
- löst den innerorganisatorischen Zusammenhalt auf und
- mindert die Effizienz und Leistung der gesamten Organisation.

Man kann analysieren, ob die gewünschte Leitkultur mit der tatsächlich gelebten übereinstimmt. Je höher der Deckungsgrad zwischen Anspruch und Wirklichkeit, desto wahrscheinlicher, dass die Kultur des Unternehmens wie gewollt und intern wie extern authentisch gesehen wird.

Im Folgenden finden Sie einige Beispiele, die deutlich machen sollen, wie sich unternehmerische Unkultur erkennen und vermeiden lässt.

Die Unkultur des Nichtbeantwortens

Schweigen ist die unerträglichste Erwiderung.
G.K. Chesterton

In einer Stellenbeschreibung, in der ein/e Amtsleiter/in im Marketing gesucht wird, ist folgender Hinweis zu lesen: „Wir freuen uns auf Ihre aussagefähige Bewerbung. Bitte senden Sie uns nur Kopien ohne Plastikhüllen o.Ä., da keine Rücksendung erfolgt. Nach Abschluss des Auswahlverfahrens werden alle Unterlagen vernichtet."

Die Unkultur des Nichterwiderns gehört heute zum Alltag, folgt man den Bewerberblogs. Das Nichtreagieren hat Schule gemacht. Ein Zitat aus „Hallo, ist da jemand? – Über das Warten auf Antworten im Bewerbungsprozess" von www.bewerberblog.de lautet: „Was Unternehmen diesbezüglich vielleicht wissen sollten: Ausbleibende Reaktionen führen zu Frust und dieser spricht sich rum. Laut einer Studie von stepstone.de werden Unternehmen, die nicht antworten, von fast 80 Prozent der Befragten als unsympathisch empfunden."

Das gilt übrigens auch für Unternehmen, die nach einer Angebotsabgabe nicht antworten und den Absender in Ungewissheit versetzen.

Die Unkultur lesehemmender Texte

Miserabel übersetzte Gebrauchsanleitungen sind klare Zeichen für Unkultur und Desinteresse am Kunden. Im Folgenden handelt es sich um eine Gebrauchsanweisung für Weihnachtskerzen: „Mit sensazionell Modell GWK 9091 Sie bekomen nicht teutonische Gemutlichkeit fuer trautes Heim nur, auch Erfolg als moderner Mensch bei anderes Geschleckt nach Weihnachtsganz aufgegessen und laenger, weil Batterie viel Zeit gut lange." Durch diese misslungene Übersetzung entsteht ein Imageschaden, der schwer wieder gutzumachen ist. Das nächste Mal wird sicher nicht mehr bei diesem Hersteller gekauft.

Hier wird am falschen Ende gespart. Unverständliche Inhalte führen zu unnötigen Rückfragen, erhöhen damit den Arbeitsaufwand und führen zu allgemeiner Unzufriedenheit.

Das gilt auch für das „Kleingedruckte“, die „Allgemeinen Bedingungen“ einiger Versicherungen. ERGO Direkt beispielsweise druckt seine Allgemeinen Bedingungen auf dünnstem Beipackzettel-Papier in unleserlichen auseinandergerissenen Texten im Blocksatz mit winziger Schriftgröße. Dies steht im krassen Gegensatz zur „ERGO Klartext-Initiative“. So erklärt ERGO auf www.ergo.de: „Bei ERGO verstehen Sie auch das ‚Kleingedruckte‘ – die Versicherungsbedingungen. Auf wenigen Seiten können Sie lesen, was unsere Leistungen und Ihre Verpflichtungen sind. Kurz und klar.“ Zum Klartext sollte neben Verständlichkeit auch Lesbarkeit in vernünftiger Schriftgröße zählen.

Die Unkultur der Arroganz

Jeder Brief und jede E-Mail ist Ausdruck der gelebten Unternehmenskultur und prägt die Identität eines Unternehmens. Viele Sachbearbeiter sind sich dessen nicht bewusst. So antwortet beispielsweise der Mitarbeiter eines Energieversorgers auf die Frage eines Kunden, wo denn die vierteljährliche Abrechnung für Strom und Gas bliebe und warum er Mahnungen erhalte, schnippisch: „Ein telefonischer Hinweis auf die fehlende Abrechnung hätte schon genügt und unsere Zahlungsaufforderungen überflüssig gemacht.“

Was ist hier passiert? Die Rechnung an den Kunden ist einfach liegengeblieben, wurde aber als versendet markiert. Die Buchhaltung verschickte die ersten Mahnungen. Als der Kunde darauf aufmerksam machte, nie eine Rechnung erhalten zu haben, machte man ihm den Vorwurf, nicht rechtzeitig darauf hingewiesen zu haben.

Folge dieser Unkulturen

Marktuntersuchungen zeigen, dass das Risiko der Unzufriedenheit und Abwanderung von Kunden zunimmt, wenn Kundenkommunikation nutzlose, unverständliche und unsympathische oder unleserliche Inhalte vermittelt. Der Kunde wird Ihr Unternehmen nicht ernst nehmen und wird beim nächsten Mal bei einer anderen Firma kaufen.

Lösung 1: Identität und Image als CT-Instrument

CT (Customer Translation) in der Integrierten Kommunikation

Die seit Jahren fortschreitende Sättigung der Märkte und die Anpassung von Produkten haben dazu geführt, dass Unternehmen heute weniger in einem Produkt- als in einem Kommunikationswettbewerb stehen.

(Frei nach Torsten Schwarz/Gabriele Braun: Leitfaden Integrierte Kommunikation)

Integrierte Kommunikation und Customer Translation (CT) stellen gemeinsam die Konsistenz einer Unternehmenskommunikation im ganzheitlichen Sinne dar. Dies wird sichergestellt durch eine allumfassende, vernetzte und zielgerichtete Kundenkommunikation.

Die Vorteile und der Nutzen der Verzahnung der Integrierten Kundenkommunikation mit dem Customer Translation Management liegen klar auf der Hand.

Sie erreichen
- eine Steigerung der Kommunikationswirkung auf allen Ebenen der Kundenkommunikation,
- eine authentische Glaubwürdigkeit durch konsistente Inhalte bei Kunden und Mitarbeitern,
- eine starke Identifikation der Mitarbeiter mit dem Unternehmen,
- eine bessere Steuerung von Kampagnen, verknüpft mit einer transparenten Budgetkontrolle.

Ziel ist es, eine durchgängige Kundenkommunikation zu schaffen und konstant beizubehalten. Diese neuen Wege führen über vielseitige Pfade, um mit der jeweils passenden Zielgruppen zu interagieren.

Sie dient dazu, die von der Kommunikation erzeugten Eindrücke zu vereinheitlichen und zu verstärken. Die durch die Kommunikationsmittel hervorgerufenen Wirkungen sollen sich gegenseitig unterstützen.

Der integrierte Ansatz verfolgt das Ziel, aus der Vielfalt der eingesetzten Werkzeuge ein in sich geschlossenes Kommunikationssystem zu erstellen. Es beinhaltet alle möglichen Kommunikationsstellen und Kanäle in einem Unternehmen.

Möchte man sich von Anfang an gut aufstellen, steht am Beginn allen Handelns die Situationsanalyse. Diese Ist-Aufnahme durchleuchtet alle wichtigen Bereiche, welche für das Gestalten des Systems und der Kommunikationsstrategie von Bedeutung sind.

In sechs Schritten zur Kommunikationsstrategie:
1. analysieren
2. planen
3. organisieren
4. durchführen
5. kontrollieren
6. optimieren

Identität: Leitbild als Ausgangspunkt nutzen

Wenn die Mitarbeiter ihre Arbeitgeber unzureichend verstehen, dann überträgt sich das auf die Außenwelt. Mangelhafte interne Kommunikation und mangelnde Identität hat konfuse externe Kommunikation zur Folge.

Der Lehrsatz: Identität definiert sich über Verhalten, Erscheinungsbild und Kommunikation. Das Selbstbild (eigener Identitätsanspruch) ist ein Wunschbild und steht dem Fremdbild (Image, die eigene Identitätswirkung auf andere) gegenüber. Das Fremdbild wird von Dritten aus Eindrücken, Vorstellungen, Meinungen und Erlebnissen geprägt. Meist weichen Eigenbild und Fremdbild voneinander ab.

Das Übereinstimmen von Selbst- und Fremdbild ist eine Voraussetzung für ein leistungsfähiges, psychisch gesundes Unternehmen. Selbst wenn ein negatives Selbstbild mit einem negativen Fremdbild übereinstimmt, bietet das eine gute Chance, sich positiv weiterzuentwickeln.

Ein regional führendes Medienunternehmen verspricht in seinem Leitbild folgendes Wunschbild: „Wir pflegen einen den Kunden angepassten, verständlichen Sprachstil. Wir setzen uns aktiv mit ihren Gedanken, Gefühlen und Verhaltensweisen auseinander. Wir pflegen eine intensive, interaktive, partnerschaftliche Beziehung. Wir richten uns konsequent an den Bedürfnissen des Kunden aus. Wir wollen allen Menschen sprachlich, gedanklich, emotional, räumlich und zeitlich nah sein oder näher kommen."

Das Leitbild formuliert einen bestmöglichen Zustand und beschreibt die Mission sowie Vision einer Organisation sowie die angesteuerte Organisationskultur. Ein Leitbild soll für die Mitarbeiter wie ein Wegweiser fungieren – besonders im Umgang mit Kunden: Welche Werte und Prinzipien sollen unser Handeln leiten? Was wollen wir gemeinsam erreichen? Welche Mission verfolgen wir und welche Aufgabe ergibt sich daraus?

Welche Inhalte sollte ein Leitbild haben?

Zu sagen, wer man ist und was man tut, ist richtig. Wichtiger ist, zu sagen, wie man das realisiert, was man unternimmt. Was macht die Einzigartigkeit eines Unternehmens aus? Und vor allem:

Woran kann der Kunde das erkennen?

Die Firma Holtmann Messe Event ist ein Beispiel, stellvertretend für Ausnahmen, die das Vorgenannte kommunizieren. Schon auf der Startseite der Homepage ist zu lesen:

> **„We understand and we do**
> Verstehen ist die Voraussetzung für perfektes Umsetzen von Kommunikationskonzepten und gestalterischen, architektonischen Vorgaben. Wir hören IHNEN zu, um zu verstehen. Wir VERSTEHEN, um Ihre Vorstellungen perfekt umzusetzen. Hierin liegt unsere Stärke. (…) Unsere Projekte entstehen in einer partnerschaftlichen Zusammenarbeit mit allen Beteiligten. Wir nennen dies Partnering – ein wesentlicher Teil unserer Unternehmenskultur."
>
> Das Unternehmen sagt Folgendes über seine Unternehmenskultur:
> „Wenn wir versuchen, die Werte zu benennen, die unsere Kunden dazu bringen, über viele Jahre, sogar Jahrzehnte, mit uns zusammenzuarbeiten und erklären wollen, warum unsere Mitarbeiter sich über jedes Maß hinaus für ein Projekt oder einen

Kunden engagieren und Spaß an ihrer Arbeit haben, dann können wir das nur mittels dreier Begriffe tun: Zufriedenheit, Vertrauen und Offenheit. [...]

Zufriedenheit:
- Zufriedene Dienstleister erzeugen dauerhaft zufriedene Kunden.
- Zufriedene Mitarbeiter erzeugen dauerhaft zufriedenstellende Leistungen.
- Zufriedene Lieferanten erzeugen dauerhaft zufriedenstellende Qualität.
- Zufriedene Unternehmen erhalten dauerhaft Arbeitsplätze.
- Zufriedene Kunden erzeugen dauerhaft Umsatz.

Zufriedenheit entsteht bei allen Prozessbeteiligten, indem sie sich gegenseitig als gleichwertige Partner betrachten, die dasselbe Ziel verfolgen.

Vertrauen:
Gegenseitiges Vertrauen unter Vertragspartnern setzt Zuverlässigkeit, Termintreue, Qualitätsanspruch, Erfolgsstreben, Einsatzfreude, Loyalität und Fairness voraus. Vertrauen gegenüber Mitarbeitern und Vertrauen der Mitarbeiter auf einen ‚schuldfreien Raum'. Hier werden Fehler nicht geahndet, sondern dienen dazu, daraus zu lernen, um uns kontinuierlich zu verbessern.

Vertrauen ist die Basis von Zusammenarbeit, die Spaß macht. (‚Vertrauen ist geil.') Vertrauen kann Kontrolle nicht ersetzen, sie aber weitgehend unnötig machen!

Offenheit:
Die Offenheit, mit der wir unseren Kunden, Lieferanten, freien Mitarbeitern und sonstigen Partnern begegnen, hat auf allen Seiten Fairness generiert, die jedem erlaubt, seinen Platz im sozialen Gefüge einzunehmen und zu behaupten.

Das Risiko, bei Offenheit ausgenutzt zu werden ist geringer, als bei Heimlichkeiten erwischt zu werden."
(www.holtmann.de, 2013)

Leitbild-Quick-Check

Überprüfen Sie in Ihrem Leitbild und Ihrem Firmenportrait folgende Punkte:

- *Kompetenz*
  Wurde das Selbstverständnis definiert, und dient es als Grundlage für die Qualität der gesamten Kundenkommunikation?
- *Ziele*
  Sind die Ziele eindeutig formuliert und als solche erkennbar? Sie brauchen diese Inhalte, weil sie Voraussetzung für das Formulieren aller Teilaufgaben sind.
- *Verantwortung*
  Kommt das persönliche Einstehen für konkrete Aufgaben zur Sprache? Wie geht das Unternehmen mit Datenschutz und Customer Big Data um?
- *Strategien*
  Wird etwas über die Planung für das Erreichen der Ziele ausgesagt?
- *Delegation und Kooperation*
  Wird beschrieben, wie Verantwortung übertragen und übernommen wird?
- *Motivation*
  Verdeutlichen Rahmenbedingungen und Freiräume, ob persönliches Engagement möglich ist?

Sie nehmen ein Leitbild neben der Unternehmensentwicklung als elementares Steuerungsinstrument der Kundenkommunikation wahr. Es liefert gezielte Vorgaben, um Kundennähe in geschäftlichen Erfolg umzusetzen.

Das sind:

- Grundlagen
- Qualifikationen
- Verhaltensweisen
- Organisationsstrukturen
- Personalstrukturen
- Vertriebsstrukturen

(Corporate Wording®, 2010)

Ein Leitbild, das gelebt wird, stärkt die Glaubwürdigkeit und Authentizität eines Unternehmens. Es vermittelt Mitarbeitern wie Kunden Sicherheit.

Es dient aber auch innerbetrieblich als Wegweiser und Ankerpunkt. Wichtig ist, dass Führungskräfte hinter ihrem Leitbild stehen und dieses in ihrer täglichen Arbeit vorleben. In der Summe entsteht gegenseitiges Vertrauen, die Basis für unternehmerische Erfolge.

Image: Verstehen wir unsere Kunden, verstehen sie uns

Welches Image sich ein Unternehmen in Sachen Wertvorstellungen, Orientierungsmustern, Verhaltensnormen, Bedarfsgruppen sowie Denk- und Handlungsweisen (CI) im Markt verschafft, bestimmt zuvorderst die Art und Weise, wie es mit seinen Kunden umgeht. Erst dann kommt das Produkt.

Image entsteht durch das Bild, das eine Person, eine Milieugruppe oder eine ganze Gesellschaft ihren Mitmenschen bzw. einem Unternehmen gegenüber hat. Ein positives Image beruht auf Erkenntnis. Wer seinen Kunden zuhört, versteht sie besser und kann die Lebenswelten und Sprachwelten seiner Kunden nutzen. Das beeinflusst das Fremdbild.

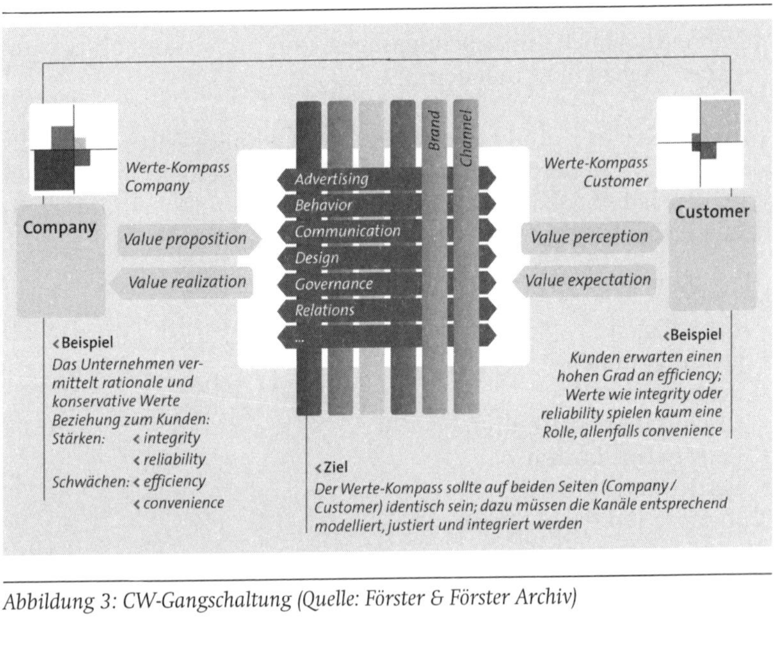

Abbildung 3: CW-Gangschaltung (Quelle: Förster & Förster Archiv)

Konsumenten sind – mit wenigen Ausnahmen – von einer Technikmüdigkeit befallen. Der rein persönliche, egoistische Produktnutzen steht im Vordergrund. Begriffe wie „Ego-Gesellschaft" prägten Agenturen. Heute ist das Wort „Relevanz" unter den Werbenden in aller Munde. Man könnte auch vom „Age of Relevance" sprechen, in dem es allein darum geht, was für Kunden ausschlaggebend, bedeutsam, entscheidend, interessant, wesentlich, wichtig, essenziell, signifikant oder maßgeblich ist.

Relevanz ist das einzige wirksame Mittel gegen das Problem des Überfrachtens mit Informationen.

Mit Werbung wollen Unternehmen Aufmerksamkeit gewinnen. Das gelingt dann, wenn

- etwas Unerwartetes geschieht – gleich ob mit Schrift, Bild, Text, Audio oder Video,
- sich Zeit und Raum in einer gewohnten Situation heraus ändern und
- die Form oder Gestalt eines Objekts in einer Situation außergewöhnlich ist.

Diesem „Abweichen von der Norm" ist Werner Gaede in seiner gleichnamigen Enzyklopädie 2002 auf den Grund gegangen. Seine These: Kreativität stellt immer einen Regelverstoß dar. In seinem 700 Seiten starken Standardwerk der Werbekreativität hat er diese These durch eine systematisch Herleitung und Anwendung bewiesen.

Diese konstruktive Kreativität macht aber nur dann Sinn, wenn die Inhalte für den Empfänger von Nutzen sind. Wie häufig sieht man eine Werbung, über die man sich überraschend amüsierte, aber hinterher nicht mehr weiß, von wem sie stammte und um welches Produkt es überhaupt ging.

Auf die Kundenkommunikation bezogene Aufmerksamkeit heißt: Der Empfänger schenkt einer Botschaft dann eine besonders hohe Aufmerksamkeit, wenn sie ihm neuartig erscheint. Je gewöhnlicher eine Botschaft wirkt, desto mehr sinkt das Interesse. Hat etwas Ungewohntes und Neues Interesse geweckt, ist das noch keine Garantie, den Empfänger mit der Botschaft zu überzeugen. Denn das Neuartige bekommt nur dann einen Sinn, wenn der typologische Nutzen klar und deutlich vom Empfänger erkannt wird.

An der Entwicklung des Internets können wir sehr gut ablesen, wie sich dort das Thema Relevanz in einem rasanten Tempo von Generation zu Generation vererbt und weiterentwickelt hat. Erst dominierten Suchmaschinen, welche die beliebtesten Webseiten auf die vorderen Plätze brachte. Dann folgten mit Web 2.0 Dienste rund um das Social-Bookmarking, gefolgt von personalisierten Empfehlungen auf Facebook. Jetzt befinden wir uns in der Phase der „Personal Serendipity“, der zufälligen Entdeckung des Ichs. Informationssysteme sind nun in der Lage, aus einem Ballast von Daten nutzbringenden Content zu finden und zu liefern. Relevanz ist sehr dynamisch – sie hängt von den Bedürfnissen einer Person ab, an einem bestimmten Ort zu einer bestimmten Zeit sein zu wollen.

Einen Wettbewerbsvorteil hat das Unternehmen, das seinen Kunden über mehrere Ermittlungsmethoden und Filter relevante Informationen bietet. Mit neuen Technologien und Markenstrategien will man dieses „isolationsgefährdete Ego“ in ein „gesellschaftsfähiges Wir" einbinden. Dem multioptionalen Verbraucher offenbaren sich täglich neue Wünsche. Die Gesellschaft für Konsumforschung (GfK) hatte Anfang der 90er-Jahre den Globaltrend zum multioptionalen Anspruchsniveau festgestellt. Aus „Otto Normalverbraucher“ wurde „Markus Möglich“, der als Konsument unkalkulierbar ist und zwischen Luxus und Bescheidenheit pendelt. Statt „Ich bin, was ich habe“ gilt „Ich bin, wie ich es ausgebe“. Damit fällt es immer schwerer, sich in die Konsumenten hineinzuversetzen. Nur ein Trend – nicht mehr und nicht weniger.

Weitsichtige Unternehmen unterwerfen sich daher keinem Trendzyklus, sondern setzen auf die Beziehung zum „ewig lebenden Typus“ mit seinen unveränderbaren Sinnen – zumindest ist in den nächsten Generationen darauf Verlass, berücksichtigt man das Evolutionstempo des menschlichen Gehirns.

Anknüpfungspunkte sind einerseits die Sehnsüchte des Menschen und andererseits die Triebfeder tagtäglicher Aktivitäten. Es reicht eben nicht, dem Konsumenten nur einen Benefit und ein Reason Why andrehen zu wollen. Erst die Persönlichkeit macht einen Menschen, ein Unternehmen oder ein Produkt aus. Und die äußert sich nicht durch rationale Momente, sondern zeichnet sich dadurch aus, dass sie dialogfähig ist. Das jedoch ist Werbung selten und Korrespondenz zuallerletzt. Auch der kreativste Monolog kann keinen glaubwürdigen, emotionalen Dialog ersetzen.

„Man wird um psychologische Auseinandersetzungen zwischen Konsument, Produkt, Unternehmen und Mitarbeiter nicht herumkommen. Der Übergang von sach-, marken- und technikorientiertem Verkaufen zu einer Beratungskultur, die sich mit Leidenschaft um das Reaktionsverhalten seiner Kunden sorgt, ist überfällig."
(H.-P. Förster, 1994)

In einem Studienbrief für unsere Seminarteilnehmer verwenden wir folgende Erklärung:

„*Den* Verbraucher und *die* Zielgruppe gibt es nicht. Wohl aber Grundmuster unseres Verhaltens, die sich wie die Einstellungen typisieren lassen und im Wesentlichen beständig sind. Der Fachbegriff ‚Typologie' kommt aus der Psychologie und bezeichnet die Untersuchung von Typen innerhalb eines bestimmten Systems. Zur Zeit der griechischen Antike entwarf Empedokles die Theorie von den vier Temperamenten. Carl Gustav Jungs Typologietest sollte herausfinden, wie jemand bevorzugt die Welt wahrnimmt und wie er aufgrund seines Wahrnehmens Entscheidungen fällt. Er unterteilte die beiden Grundeinstellungen des Menschen in den extrovertierten und in den introvertierten Typus (d. h. entweder sind die seelischen Energien vorwiegend nach außen auf das Objekt oder nach innen auf das Selbst gerichtet). Der eine sieht und bewertet alles unter dem Blickwinkel seiner Auffassung, der andere unter dem des scheinbar objektiven Geschehens.

Jeder Mensch mit durchschnittlichem Lebensverlauf besitzt beide Mechanismen, die rhythmisch wechseln. Das relative Überwiegen des einen oder des anderen macht den Typus aus. Dieser entscheidet aber nicht nur zwischen Subjekt und Objekt, sondern wählt jene Bewusstseinsfunktion aus, deren er sich vorzugsweise bedient. Jung unterscheidet die vier Funktionen Empfindung, Denken, Gefühl und Intuition:

Die Empfindung stellt das IST fest, das Denken stellt die BEDEUTUNG in den Vordergrund, das Gefühl den WERT einer Sache und die Intuition vermutet und ahnt das WOHER und WOHIN. Empfindung und Intuition auf das Gegebene bezeichnet Jung als irrationale, Denken und Fühlen als rationale Urteilsfunktion. Diese vier Bewusstseinstypen verbinden sich stets mit dem Einstellungstypus.

‚Erkenne Dich selbst' stand über den Pforten des griechischen Tempels. Wer sich selbst erkennt, kann die Welt seiner Mitmenschen besser verstehen. Wo und wann immer sich Leute begegnen – ob in der Freizeit, im Unternehmen, in der Schule oder im privaten Familienkreis –, Menschenkenntnis hilft, Erwartungen zu erkennen, Reaktionen vorauszusehen und durch situatives Verhalten andere für sich zu gewinnen."

Archetypische Kundentypologie

Beim Verkaufen interessiert weniger, wie der Mensch ist oder denkt. Wichtig sind die typologischen Funktionen vorhersagbarer Prozesse des Wahrnehmens und der Entscheidungsfindung, die sich beim Kunden ganz verschieden abspielen können.

Ein Beispiel: Ein Verkäufer beschreibt voller Leidenschaft die Leistungen eines Motorrads – ein PS-Freak. Er muss sich nicht wundern, wenn der Kunde die Botschaft nicht zur Kenntnis nimmt, weil seine Wahrnehmung eine völlig andere ist: Emotionen und Erlebnisse stehen im Vordergrund. Umgekehrt gilt das gleiche Spiel. Wenn Sie über das Lebensgefühl einer Harley-Davidson reden und das Abenteuer der Freiheit auf dem Highway in Szene setzen, überrascht es nicht, dass Hubraumenthusiasten die Botschaften ignorieren. Ob und wie ein Verkaufsdialog wahrgenommen wird, hängt also maßgeblich davon ab, ob diese Argumente eine Auswahl an Perspektiven bieten.

Das mit der 4-Farben-Sprachmethode verknüpfte Typologie-Modell von Hans-Peter Förster berücksichtigt das Grundverhalten des Wahrnehmens, die Bedürfnisse, Ziele und gesellschaftliche Grundwerte. Damit lässt sich das Kundenverhalten im positiven Sinne mit treffenden typologischen Wörtern steuern.

Die Definition von Zielgruppen ausschließlich anhand von sozidemografischen Daten muss scheitern, wie es das Analyseunternehmen microm Consumer Marketing am Beispiel eines exklusiven Herrenausstatters zeigt. So wurden etwa für eine Zielgruppe folgende Auswahlkriterien gewählt:

- männlich
- Familie mit Kindern
- beruflich sehr erfolgreich
- hohes Jahreseinkommen in Millionenhöhe
- gehobenes Alter, über 55 Jahre

Nach diesem Suchmodus würden klassische Zielgruppendatenbanken unter anderem folgende Kunden selektieren:

Prinz Charles	und	Ozzy Osbourne
verheiratet		verheiratet
2 Kinder		3 Kinder
Adliger, ca. 20 Mio.		Musiker, ca. 20 Mio.
65 Jahre (geb.1948)		65 Jahre (geb. 1948)

Mit Hilfe von Methoden wie der Sinus Sociovision ist es möglich, Zielgruppen nach unterschiedlichen Milieus ausfindig zu machen. In diesem Fall zählt Prinz Charles zur Gruppe des konservativ-etablierten Milieus, während Ozzy Osbourne zum hedonistischen Milieu zählt. In seiner an der HAW Hochschule Amberg-Weiden (HAW) verfassten Bachelorarbeit „Sinus Milieus verknüpft mit Corporate Wording®" nennt Michael Bauer dieses Beispiel und zeigt, wie sich die vier Grundfunktionen der Sprache und die CW-Typologie mit Sinus-Milieus® verknüpfen lassen.

Was ist Kundennähe?

Kundennähe im Sinne einer Erfolgsphilosophie bedeutet: Jeder im Unternehmen fragt sich bei allem, was er unternimmt, ob es dem Kunden nützt. Stehen mehrere Möglichkeiten zur Wahl, entscheidet er sich für jene, die dem Kunden am meisten nützt. Klingt einfach.

Trotzdem liest und hört man, wie selbst große, bekannte Unternehmen tiefe Krisen durchlebten, weil die Kunden an den Rand gedrückt wurden. Getan wurde, was für die Organisation das Beste war.

Man vergaß dabei völlig, was für den Kunden das Beste ist. Das ist für jedes Unternehmen ungesund. Vorbildliche Kundennähe ist eine Kombination aus gesundem Menschenverstand und positiver innerer Einstellung. Kundennähe hat nichts mit Dienen zu tun. Kunden erwarten einfach ein freundliches und selbstsicheres Gegenüber.

Freundlich, weil das Geld zur wirtschaftlichen Gesundheit des Unternehmens beiträgt; und selbstsicher, weil das Unternehmen aufgrund seines Wissens sicher ist, Kunden helfen zu können.

Dies ist eine große Herausforderung, wenn Sie im Brief- oder E-Mail-Kontakt mit Kunden stehen. Kunden sind rundum zufrieden, wenn der Dialog stimmt, wenn Geschäftsbriefe Sympathie ausstrahlen – auch oder gerade bei Reklamationen. Das Beschwerdemanagement muss in der Lage sein, die Reklamation zur Zufriedenheit des Kunden zu bearbeiten.

Das funktioniert nicht überall. In vielen Branchen sind über die Hälfte der Kunden, die sich beschwerten, von der Reaktion des Geschäftspartners enttäuscht!

Die Balance zwischen Zufriedenheit, Bindung und Ertrag muss ausgeglichen sein. Begeisterte Kunden binden sich gern an einen Anbieter. Sobald neuer Bedarf besteht, nehmen Sie dessen Leistungen in Anspruch. Mehr noch: Sie kaufen in größeren Mengen und sind gegenüber Preisen toleranter.

Kennen Sie das aus eigener Erfahrung? Begeisterte Kunden erhöhen die Rendite, da der Beratungsaufwand effizienter ist (man kennt sich). Diese Fans empfehlen Ihr Unternehmen weiter. Die im Rahmen von CRM entwickelten Strategien und Maßnahmen zur Erfüllung dieser Ziele gehen über die des traditionellen absatzwirtschaftlichen Instrumentariums hinaus.

Milieustudien nutzen: noch näher am Kunden

Wie die Typenlehre reicht auch der Begriff der „sozialen Schichten" bis in die Antike zurück. Man unterschied zwischen der Ober-, Unter- und Mittelschicht. In den modernen „Sozialen Milieus" werden Menschen in sogenannte Cluster zusammengefasst, die sich in ihrer Lebensführung ähnlich sind: Vorlieben, Abneigungen, Gewohnheiten, Ansichten und Alltagsästhetik (d. h. ähnliche Empfindungen und Geschmäcker).

Sinus-Milieus® von Sinus Sociovision aus Heidelberg und Sigma Milieus® von der Gesellschaft für internationale Marktforschung und Beratung aus Mannheim zählen in der Marktforschung zu den bekanntesten Institutionen mit Milieulandkarten. Dabei identifizierten sie zehn unterschiedliche Milieus, in den sich Gruppen von Gleichgesinnten zusammenfassen ließen. Das heißt, dass Personen, die zu einem speziellen Cluster zählen, sich in ihrer Lebensauffassung und Lebensweise ähneln.

So haben sich beide Unternehmen beispielsweise auf das Messen, Verstehen, Interpretieren und Vorhersagen von soziokulturellem Wandel spezialisiert. Dazu wurde eine „Landkarte" in eine Y-Achse mit sozialen Schichten und die X-Achse mit Grundorientierungen unterteilt.

Die Grenzen zwischen den Milieus und Lebenswelten sind fließend. Sociovision nennt das die „Unschärferelation der Alltagswirklichkeit", die Formen der Milieufelder ähneln daher denen von Kartoffeln. Ein grundlegender Bestandteil des Milieukonzepts ist, dass es zwischen den Milieus Berührungspunkte und Übergänge gibt. Je höher ein Milieu in der Landkarte angesiedelt ist, desto gehobener sind Bildung, Einkommen und Berufsgruppe; je weiter es rechts positioniert ist, desto moderner ist die Grundorientierung. In dieser „strategischen Landkarte" können Produkte, Marken, Medien etc. positioniert werden.

Da es „den Typen" in reiner Form nicht gibt, werden die Grundtypen in ihren häufigsten Mischformen geclustert. Den Milieus lassen sich auf diese Weise CW-Typen zuweisen. Michael Bauer von der HAW beschreibt seine Vorgehensweise so: „Den Sinus Milieus wurde nun jeweils ein CW-Typus zugewiesen. Jede ‚Kartoffel' hat ihre eigenen Merkmale und Eigenschaften, mit denen sie eindeutig beschrieben werden können. Im Folgenden wurde für alle zehn Milieugruppen eine Wortsammlung zusammengetragen. Für jede Gruppe sind sieben Wörter genauer untersucht worden und Wortfelder, relevante Wörter, rechte und linke Nachbarn aufgeführt. Die ausgewählten Worte beziehen sich auf Charakter, Eigenschaften und Hobbys eines jeden Milieus. Die Wortsammlung entstand mit Hilfe des CW-Editors der Firma Pintexx, dem Nachschlagewerk Dornseiff – der deutsche Wortschatz nach Sachgruppen – und dem Wortschatzportal der Uni-Leipzig. Mit Hilfe des Dornseiff können den ausgewählten Worten Sachgruppen zugeordnet werden, die sinnverwandte Worte enthalten. Anhand des CW-Editors werden diese Wörter untersucht und per Farbanalyse ihrem jeweiligen Sprachklima zugeordnet. Je nachdem welches Milieu angesprochen werden soll, werden die relevanten Wörter aussortiert. Das Wortschatzportal der Uni Leipzig lieferte wertvolle Informationen bezüglich Wortfelder und rechte und linke Nachbarn."

Ergebnis der HAW-Studie: In Verbindung mit Corporate Wording® ist eine noch genauere Differenzierung der Zielgruppenansprache möglich, da die einzelnen Milieus mit den richtigen Worten angesprochen werden.

Neben einer verbesserten Ansprache können Unternehmen ihre Adressdaten auf Milieuzugehörigkeit untersuchen lassen, damit etwa die Penetrationswerte in den einzelnen Milieus dargestellt werden. Zudem können vorhandene Potentiale an affinen Neukontakten ausgewiesen werden. Dies versetzt Firmen in die Lage, auf die Milieuzugehörigkeit abgestimmte Direktmarketing-Software zu initialisieren sowie die Restpotentiale in den relevanten Milieus für die Gewinnung neuer Kunden zu nutzen. Selbst Google-AdWords-Anzeigen lassen sich nach Milieu-Usergruppen selektieren.

Beim Adresslieferanten microm Micromarketing-Systeme und Consult GmbH, Neuss, erhalten Sie Adressdaten, ausgewählt nach Sinus-Milieus® und Limbic® Types. Letztere kommen aus dem Neuromarketing. Zusätzlich erhalten Sie sämtliche Zielgruppenkombinationen aus den führenden Markt-Media-Studien (Verbraucher-Analyse und Typologie der Wünsche). Die Herausforderung liegt darin, nicht nur die richtigen Zielgruppen und Standorte zu ermitteln, sondern die jeweils richtigen Botschaften in die verschiedenen Kanäle fließen zu lassen.[1]

Mit dem interaktiven Online-Tool ch-privat® aus der Schweiz können Sie durch Eingabe von Selektionsparametern eine Zielgruppe quantitativ und qualitativ festlegen. Durch das Anpassen einzelner Parameter sind Sie in der Lage, Menge und Qualität solange einzugrenzen, bis Sie die entsprechende Kernzielgruppe gefunden haben. (Siehe weiterführende Literatur: www.selectpeople.ch)

Einen anderen Ansatz geht die Semiometrie®, seit 1993 auf dem deutschen Markt bei TNS Infratest. Dieses Marktforschungsmodell basiert auf Werten, die die Einstellung und das Verhalten steuern und in der Sprache repräsentiert werden. Mit Hilfe von Koordinaten haben 210 Wörter (Substantive, Adjektive und Verben aus der Bibel und aus der Literatur) die westliche Zivilisation beeinflusst. Diese 210 Wörter sind in einem semantischen Raum positioniert. Dieser Raum ist viergeteilt: Lebensfreude, Individualität, Pflicht und Sozialität.

Mit SemioDialog bietet das Unternehmen eine semiometrische Analyse von Zielgruppen an und definiert nach 14 psychografischen Wertefeldern das Werteprofil der Zielgruppe. Daran schließt sich eine semantische wie semiotische Sprachanalyse an, die sich auf die 210 semiometrischen Schlüsselbegriffe bezieht. Dieser Ansatz soll Unternehmen dabei stützen, strategisches Sprachmanagement systematisch in ihr Markenmanagement einzubauen. (Siehe weiterführende Literatur: www. tns-infratest.com)

Gleich, welches Milieumodell man bevorzugt, Ziel eines jeden Kundenkommunikators muss sein, durch verschiedene „Wahr- nehmungs- oder Milieubrillen“ zu schauen und in der Lage zu sein, mehrere Kunden-/Milieusprachen zu sprechen oder zu schreiben.

Wer lediglich sich selbst, sein Produkt oder sein Unternehmen sieht und nur den eigenen Wortschatz nutzt, kann nicht erwarten, dass Kunden ihn verstehen.

---

1 (Siehe für Deutschland: www.microm-online. de, für die Schweiz: www.kbdirect.ch)

Customer Translation Typology

Die häufig gestellte Frage, wie viele verschiedene Kundentypen es gibt – vier, 16, 24 oder mehr –, muss mit der Zahl von über 7,1 Milliarden beantwortet werden.

Denn so viele Menschen leben auf unserer Erde – und täglich werden es mehr. Jeder Mensch ist außergewöhnlich, in seiner Art so einzigartig wie sein Fingerabdruck. Die in diesem Buch angewendete CT-Typologie vereinfacht diese komplexe Wirklichkeit. Die Schilderungen treffen nicht auf einzelne Kunden zu, sondern stets auf Gruppen von Menschen. Verhaltensmodelle helfen, grundlegende Bedürfnisse, Erwartungen, Motive und Entscheidungen zu erfassen, um ihnen besser begegnen zu können.

Demnach kann es keine singulären, spezifischen Kundenprofile in ihrer reinen Form geben. Der Vorteil dabei: Durch diese extreme schematische Vereinfachung können Sie sich schnell ein verständliches Bild machen. Die Individualität eines Einzelnen – in einer Dunstwolke hinter den Umschreibungen verschwunden – ist und bleibt unumstritten. Sie werden vermutlich in den Beschreibungen persönliche Eigenschaften und die Ihrer Kunden wiederfinden. Bitte interpretieren Sie das Ergebnis selbst und füllen Sie es mit Leben.

So verorten Sie Kaufentscheidungen:

Für den wirkungsvollen Einsatz der auf Typologien fokussierten Kundenkommunikation müssen sämtliche Kaufprozesse durchdacht und typisiert werden – und dies übergreifend, das heißt von der Produktentwicklung über die Werbung bis zum Kauferlebnis vor Ort und schließlich bis zu After-Sales-Aktionen.

Hier helfen die typologischen Zielarten. Mit ihnen sind vorhersagbare Prozesse des Wahrnehmens und der Entscheidungsfindung möglich, die sich ganz verschieden abspielen. Auch hier lassen sich Muster erkennen und Zielarten zuordnen.

Beispielhaft habe ich in den folgenden Steckbriefen Kaufentscheidungen bei der Auswahl eines Pkw typisiert und vier Zielarten zugeordnet. So lassen sich bestimmte Typologien mit dominanten Bedürfnissen und Einstellungen zum Automobil verorten (hier am Beispiel sekundärstatistischer Daten aus mehreren Quellen ohne Rangfolge und Gewichtung).

1. Steckbrief: Omni-Channel Perfectionists	
Typisches Verhalten	• bevorzugen den geringsten Aufwand • suchen günstige Preise • wollen auf einfache, effiziente Weise einkaufen
Ziele	• Stärke • Leistung • Selbstbewusstsein
Rationalkauf	• Kauf erfolgt nach bewusst überlegtem und rationalem Abgleich • Es wird das Produkt bevorzugt, das Bedingungen am besten befriedigt (z.B. Preis-Limit, Allrad, Diesel, größtes Kofferraumvolumen, Finanzierung, Leasing)
Bedürfnisse und Einstellungen zum Automobil	• sportlich • performanceorientiert • Maximalist • Technik und Leistung • durchdachtes Design • Funktionalität • hohe Geschwindigkeit • modernste Technik • fortschrittliches Modell • betont abgrenzen
Zuordnung bekannter Modelle*:	• Always On: Everything Tech • Corporate Wording: Blau, Die Perfektionisten • DemoScope CH: West, außengerichtet • GfK Roper Consumer Styles: Materialismus, Haben • Insights: Der Beobachter (Blau), Der Direktor (Rot) • Limbic Maps: Abenteurer, Performer, Diszipliner • Persolog: dominant, aufgabenorientiert, extravertiert (D-Typ rot) • Roland Berger Strategy Consultans: Simplistic Shopping Minimalists, Efficient Multichannel Shoppers • Semiometrie Wertefelder: materiell, rational, kritisch, dominant, kämpferisch • Sinus Milieus: Etablierte (B1), Konsum-Materialisten (B3) • World Values Survey: Secular-Rational

*) *Die Zuordnungen erheben keinen Anspruch auf Vollständigkeit. Die Grenzen sind teils fließend. Hier wird der größte gemeinsame Nenner dargestellt. Weitere Details würden den Rahmen des Buches sprengen. Die hier beschreibend genannten Modelle und Methoden sind in der Regel registrierte Marken und/oder Firmenbezeichnungen.*

2. Steckbrief: Omni-Channel Traditionalists	
Typisches Verhalten	• service-orientiert • Qualitätsanspruch • nehmen sich Zeit zum Einkauf und planen Online-Einkäufe • stationärer Stammkunde
Ziele	• Stetigkeit • Einordnung • Ehrgefühl
Gewohnheitskauf	• preisbewusst und anspruchsvoll • Sicherheit • Komfort • Solidität • keine Übertreibungen • familienfreundlich • Ausdruck gesellschaftlicher Stellung • Sicherheitsausstattung • Understatement • unauffällig • Markentreue
Bedürfnisse und Einstellungen zum Automobil	Alternativen werden innerhalb eines festen Rahmens gesucht: • stets das gleiche Produkt (z.B. immer 3er BMW) • stets die gleiche Marke (z.B. immer VW) • stets beim gleichen Händler (z.B. auch über Generationen)
Zuordnung bekannter Modelle*:	• Always On: Working Professional • Corporate Wording: Grün, die Konservativen • DemoScope CH: Süd, konservativ • GfK Roper Consumer Styles: Puritanismus, Sicherheit • Insights: Der Unterstützer (Grün), der Koordinator (Grün/Blau) • Limbic Maps: Bewahrer, Diszipliner • Persolog: stetig, menschenorientiert, introvertiert (S-Typ grün) • Roland Berger: Traditional Senior Shoppers • Semiometrie Wertefelder: religiös, traditionell • Sinus Milieus: Konservative (A12), Traditionserwurzelte (A23), DDR-Nostalgische (AB2) • World Values Survey: Traditional

3. Steckbrief: Omni-Channel Impulsives	
Typisches Verhalten	• surfen regelmäßig • legen Wert auf Unterhaltung • gehen mit Freunden spontan shoppen
Ziele	• Schlüssellösung • Veränderung • Innere Freiheit
Impulskauf	• Image • Originalität • Authentizität • Ausdruck der Persönlichkeit • Gefühl der Unabhängigkeit • Expressivität • stilistische Individualität • Fun • in eine imaginäre Welt fliehen • Freizeitwert • ungewöhnliches Styling • Markenfaszination
Bedürfnisse und Einstellungen zum Automobil	Alternativen werden aktuell gesucht: • was in der Nähe liegt (z.B. nächster Autohändler) • was unkonventionell abläuft (z.B. Probefahrt) • wenn man unter Zeitdruck steht (z.B. altes Auto defekt) • Bedürfnisse, die plötzlich entstanden sind (z.B. mobil durch Umzug, Berufswechsel) • was die anderen auch haben (z.B. Freund hat schon einen XY) • was die anderen nicht haben (z.B. keiner fährt im Umkreis einen „elektrischen“ BMW i3) • sich selbst verwirklichen (z.B. Auto als Exklusivgut, was andere sich nicht leisten können)
Zuordnung bekannter Modelle*:	• Always On: Gamer • Corporate Wording: Gelb, die Impulsiven • DemoScope CH: Nord, progressiv • GfK Roper Consumer Styles: Postmaterialismus, Sein • Persolog: initiativ, menschenorientiert, extravertiert (I-Typ gelb) • Insights: Der Inspirator (Gelb), Der Reformer (Blau/Rot) • Limbic Maps: Hedonist, Abenteurer • Roland Berger: Mainstream Offline Shoppers, Non-Urban Shopping Pragmatists, Joy-seeking Multichannel Natives • Semiometrie Wertefelder:erlebnisorientiert • Sinus-Milieus: Moderne Performer (C12), • Experimentalisten (C2), Hedonisten (BC3) • World Values Survey: Self Expression

4. Steckbrief: Omni-Channel Feelers	
Typisches Verhalten	• suchen die Nähe zu VerkäuferInnen • wollen sich online wie stationär wohlfühlen • bevorzugen haptische Erlebnisse
Ziele	• Stimulation • Einklang • Behagen
Gefühlskauf	• pragmatisch • ökonomisch • Umweltverträglichkeit • starke Reize • Emotion • Schönheit des Autos • Umweltfreundlichkeit • komfortabler Innenraum • bequeme Polster • Design „zum Streicheln“
Bedürfnisse und Einstellungen zum Automobil	Alternativen werden nach emotionalen, sozialen Bedürfnissen und Außenreizen gesucht: • zu einer Gruppe gehören (z.B. Jaguar-Club) • was sich schön anfühlt (z.B. Kotflügel „streicheln“ als taktiles Erlebnis) • was gut riecht (z.B. Lederausstattung) • was sich gut anhört (z.B. Akustik: Porsche Motor, Türschloss, Audio-Anlage etc.) • was gut aussieht (z.B. Form und Farbe, optische Details wie Armaturen, Audi TT-Tankdeckel etc.)
Zuordnung bekannter Modelle*:	• Always On: Social Butterfly • Corporate Wording: Rot, Die Emotionalen • DemoScope CH: Ost, innengerichtet • GfK Roper Consumer Styles: Hedonismus, Leidenschaft • Insights: Der Motivator (Gelb/Rot), Der Berater (Gelb/Grün) • Limbic Maps: Genießer • Persolog: gewissenhaft, aufgabenorientiert, introvertiert (G-Typ blau) Semiometrie Wertefelder: familiär, sozial, verträumt,lustorientiert, kulturell • Sinus-Milieus: Postmaterielle (B12), Bürgerliche Mitte (B2) • World Values Survey: Survival • Roland Berger: Well-off Shopping Enthusiasts

Für Produktentwicklung und Marketing lassen sich aus diesen Steckbriefen Konsequenzen für die Kundenkommunikation ableiten. Zum Beispiel:

- visuelle Reize, um die Aufmerksamkeit zu erhöhen,
- emotionale Reize, um sie als Schlüsselreize einzusetzen, die direkte Reaktionen auslösen,
- kognitive Reize, um bewusste Widersprüche, Unerwartetes oder Kontraste hervorzurufen, oder
- herausragende Reize durch Farbe, Design etc.

CTM mit CRM vereinen

Die Entwicklung der Kundenstrategien zeigt eine Parallele zur Evolution der Web-Generationen. Bis in die 1960er Jahre lag der Fokus ausschließlich auf der Produktion. Ausnahmen wie der Hersteller Agfa bestätigen diese Regel. Zwischen den 60er-Jahren und den 90er-Jahren war das Zeitalter der Distribution. 1962 schwappte zum Beispiel die Tupperparty® aus den USA nach Deutschland. Eine der erfolgreichsten Distributionsstrategien überhaupt, die sich bis heute behaupten kann. Zum einen konnten durch eine praktische Vorführung im Privathaushalt die vielen Ideen, die in den Produkten stecken, den Käufern gezeigt und erklärt werden. Zum anderen werden die Verkaufschancen durch die Gästeanzahl erhöht. Diese damals neuartige Vertriebsmethode bildet bis heute die Basis der Vertriebsaktivität bei Tupperware®.

Mit Web 3.0 befinden wir uns heute in dem Zeitalter der Kundenstrategie, das den Kunden wie nie zuvor in den Fokus rückt. Im Kapitel 4 erfahren Sie, wohin die Reise geht, denn, frei nach James Bond, „Tomorrow Never Dies“.

Zeitalter der Wettbewerbsstrategien	
Age of Manufacturing	1900–1960
Age of Distribution	1960–1990
Age of Information	1990–2010
Age of Customer	2010–?

Tabelle 1: Kundenorientierung löst Informationszeitalter ab (Quelle: Forrester Report, „Competitive Strategy in The Age of the Customer“)

Werden tatsächlich sämtliche Abläufe auf den Kunden ausgerichtet? Wird bei jedem Kundenkontakt Wissen über den Kunden gesammelt? Ist die Fülle der Informationen beim Ausbau der Kundenbeziehungen noch zu bewältigen?

Customer Relationship Management, kurz CRM, das viel beschworene Beziehungsmanagement zum Kunden, ist noch weit davon entfernt. Denn steht der Kunde tatsächlich im Mittelpunkt, wie vielfach in Leitbildern behauptet wird? Nein, denn wenn dem so wäre, gäbe es praktisch keine Warteschleifen in Servicecentern, keine anonymen Ansprechpartner, keine patzigen Verkäufer, weder inkompetente Serviceabteilungen noch starken Vertriebsdruck, so dass manch ein Kunde „über den Tisch gezogen wird". Gerade Letzteres wurde in der aktuellen Finanzkrise immer wieder als eine der Ursachen genannt.

Jeder weiß es, doch wenige tun es: Der Aufbau einer Beziehung zum Kunden ist die Grundlage für erfolgreiche Kundendialoge. Produkte und Dienstleistungen sind das Mittel, dem Kunden einen Wert zu verschaffen. Die Interaktion mit den Erfahrungen und Empfindungen des Kunden müssen daher im Vordergrund stehen – ohne Wenn und Aber!

Wer seine Kunden kennt, seine Lebenswelt und seine Bedürfnisse, weiß, wie man sie durch gezielte Worte im Dialog gewinnen kann. Daraus lassen sich, wie in den Steckbriefen gezeigt, Typologien ableiten, Kundengruppen sortieren sowie selektieren.

Kunden entwickeln und pflegen eine Vielzahl von unterschiedlichen Bindungen – vergleichbar mit der differenzierten Beziehung zum Lebenspartner, zu Freunden oder Arbeitskollegen. Jeder Markt hat seine eigenen Bindungsgesetze. Während bei einer Versicherung der Schutz oder im Pharmabereich die Gesundheit eine große Rolle spielen, dominieren an anderer Stelle Vorbilder, Wohlbehagen, Anlehnung, Hilfe, Autorität, Ideale, Gewohnheiten, Erlebnisse oder Trends. Ein guter Texter in der CRM-Abteilung geht auf diese Lebensbilder ein. Es gibt Hilfsmittel dafür, die Sie in Kapitel „Lösung 2" finden. Information, Schnelligkeit, Nähe, Betreuung, Sympathie oder Intensität lassen sich auf den Kunden zuschneiden, ganz gleich in welcher Branche.

Besonders bei vergleichbaren Produkten und Dienstleistungen entscheiden Zuneigung, Freundlichkeit, Sympathie, Dialog und Emotion über Kundentreue. Welches Unternehmen überlebt auf Dauer im Wettbewerb? Das mit den besten Produkten, das mit dem besten Service, das mit der besten Organisation, oder etwa das mit der teuersten Werbung? Die Antwort ist einfach: Das mit der besten Kundenkommunikation.

Natürlich tragen auch andere Faktoren wie die Organisation, die Qualität und das Marketing viel zum Erfolg eines Unternehmens bei, doch erst in zweiter Linie.

Und schließlich nur dann, wenn sie von Mitarbeitern umgesetzt werden, die konsequent alles mit den Augen der Kunden sehen und die Interessen der Kunden in den Mittelpunkt stellen. Denn Unternehmen am freien Markt leben vom Geld ihrer Kunden. Und von nichts anderem.

Kunden-Erlebnis-Management

Customer Experience Management (CEM) ist eine wichtige Säule des Customer Relationship Managements, in dem es um die Beziehungen zu Kunden geht. Kundenerlebnisse bietet jedes Unternehmen – positive wie negative. Doch die wenigsten gestalten und steuern diese bewusst.

„Die Kostenführerschaft kann nur ein einziger Anbieter übernehmen. Dennoch setzen viele Unternehmen auf die Optimierung ihrer Strukturen und Prozesse. Langfristig Erfolg versprechender ist eine klare Differenzierung mit einem Angebot, das für die Zielgruppen wertvoll und einzigartig ist", so die Schweizer Stimmt AG, die sich als die Customer-Experience-Beratung im deutschsprachigen Raum positioniert hat.

Kunden haben inzwischen eine größere Auswahl an Produkten und Dienstleistungen denn je. Relevante lokale Kundenerfahrungen werden so zum Differenzierungsmerkmal, durch das ein Unternehmen den Markenwert steigern kann.

Viel zu oft wird der Eindruck aus der Kundensicht dem Zufall überlassen. Firmen sind auf der Suche nach dem optimalen Grad der Kundenzufriedenheit und wollen verstehen, wie viel für einen Kunden tatsächlich getan werden muss, damit es zum erfolgreichen Abschluss kommt.

Bekanntlich ist es fünf Mal schwieriger einen Neukunden zu gewinnen, als einen Bestandskunden emotional zu binden. Wichtig ist es daher, Anfragen, Beschwerden oder dringende Anliegen mit dem richtigen Ansprechpartner schnell zu bearbeiten.

Eine im Jahr 2011 von dem Marktforschungsinstitut Gartner durchgeführte Untersuchung brachte folgende Ergebnisse hervor:

- 89 Prozent der Kunden sind nach einer negativen Kundenerfahrung abgewandert.
- 86 Prozent der Konsumenten gaben an, dass sie für eine bessere Kundenerfahrung mehr Geld ausgeben würden.
- 58 Prozent der Konsumenten gaben an, dass sie Unternehmen weiterempfehlen würden, die im Vergleich zu anderen eine bessere Kundenerfahrung bieten.

Welches Markenerlebnis hat ein Kunde? Wie nimmt er die Kontaktpunkte zum Unternehmen (Touchpoints) bewusst wahr? Um diese Informationen zu erheben, stehen vielseitige Möglichkeiten bereit, die nun folgend aufgezeigt werden sollen.

Der einfachste Weg, quasi à la Agfa 1954, ist es, in die Rolle des Kunden zu schlüpfen und das eigene Unternehmen zu testen: den eigenen Laden betreten, die eigene Hotline anrufen, sich über die Telefonzentrale mit sich selbst verbinden lassen, Reklamationen schreiben, Antworten auswerten etc.

Der andere Weg führt über externe Dienstleister mit Methoden wie etwa Interviews, Beobachtungen, Eye-Tracking oder Erlebnis-Audits.

Die Schweizer CEM-Beratung Stimmt AG folgt seit 1998 der Idee, dass die Interaktionen zwischen Unternehmen und Kunden von Menschen bestimmt sein müssen statt von der Technologie. Mit Lukas Karrer, Geschäftsführer und Mitglied des Verwaltungsrats, und Annika Riner, Senior Consultant Transformation Practice, ging ich in einem Interview im Sommer 2013 den Fragen nach, wie sich Unternehmen in der Kundenkommunikation differenzieren können und mit welchen Methoden Kundenbedürfnisse erforscht werden.

Andreas Förster (AF): Viele sind auf den CEM-Zug aufgesprungen, wie Google-Suchergebnisse mit über 10.000 Fundstellen „CEM Services" zeigen. Die Stimmt AG spielt hier eine Vorreiterrolle. Wodurch unterscheiden sich Ihre Leistungen von Wettbewerbern?

Stimmt AG: Wir differenzieren uns über das Kundenerlebnis. Das heißt, am Ende einer Zusammenarbeit sollen unsere Klienten sagen können: „Ich arbeite gerne mit Stimmt zusammen, denn sie befähigen mich, Dinge auf den Boden zu bringen. Die Berater von Stimmt sind an meinem persönlichen Erfolg und an dem meines Unternehmens interessiert. Ich vertraue ihnen vollständig und kann mich immer auf sie verlassen." Wir nennen solche Aussagen ein „Target Experience Statement". Es bestimmt das Ziel unserer Arbeit aus Kundensicht und setzt klare Erwartungen an unsere Mitarbeiter. Damit verfolgen wir zudem unseren Ansatz, Lösungen gemeinsam mit unseren Klienten zu erarbeiten. In der Regel begleiten wir die Implementierung, führen sie aber nicht aus.

AF: Bringt Ihre langjährige Erfahrung Wettbewerbsvorteile?

Stimmt: Ja und Nein. Durch die Zeit ergibt sich zwar eine langjährige Erfolgsgeschichte, die die Substanz unserer Arbeit zeigt. Wichtiger ist aber die Interdisziplinarität, also die Nutzung von Ansätzen, Denkweisen oder Methoden verschiedener Fachrichtungen. Natürlich legen wir als Berater auch immer unsere Erfahrung in die Waagschale. Grundsätzlich sehen wir unsere konsequente, analytische und vor allem kundenzentrierte Methodik als größeren Erfolgsfaktor.

AF: Warum war es Ende der 1990er Jahre an der Zeit, ein Unternehmen zu gründen, das Firmen die bedürfnisorientierte Kundensicht aufzeigt und hilft, diese strategisch zu nutzen?

Stimmt: Wir entwickelten uns aus einem Web-Start-Up. Der Fokus lag auf der Benutzerfreundlichkeit von Webseiten. Unser Ziel war und ist es, die Beziehung von Unternehmen und deren Kunden für beide Seiten profitabler zu machen. Dazu mussten wir mehr als nur die Webseiten anschauen. Alle Kontaktpunkte entlang der Kundenerlebniskette sind relevant und müssen aus Kundensicht orchestriert, das heißt, stimmig gemacht werden.

AF: Kundenorientierte Strategien stehen im Mittelpunkt. Sie differenzieren Ihre Kunden im Markt durch bessere Angebote und ein optimales Kundenerlebnis für deren Zielgruppen. Welche Vorgehensweisen, Analysen und Interviewmethoden setzten Sie ein, um aussagekräftige Ergebnisse zu erhalten?

Stimmt: Da gibt es drei wesentliche Methoden. Erstens leiten wir grundsätzlich alle Entscheidungen vom Kunden ab. Zweitens arbeiten wir mit wiederholenden Prototypen, das heißt, wir simulieren eine mögliche Lösung und testen diese mit der Zielgruppe. Mit den daraus gewonnenen Erkenntnissen verbessern wir den Prototypen, bis er die Anforderungen unserer Klienten wie deren Kunden erfüllt. Und drittens vermitteln wir die Resultate auf eine Art und Weise, die es unseren Klienten ermöglicht, die Kundensicht einzunehmen und genau nachzuvollziehen, warum die vorgeschlagene Lösung richtig ist. Dies bedeutet ein Umdenken, wenn es vorher spezifische Vorstellungen aus Unternehmenssicht gab, die von der Kundensicht abweichen.

AF: Sie erforschen die Einstellung und Bedürfnisse von Kunden, um Konzepte und Lösungsvorschläge genau darauf abzustimmen. Welche Ergebnisse Ihrer Methoden tragen dazu bei?

Stimmt: Zum Beispiel die Ergebnisse aus emotionalen Tiefeninterviews. Dabei ist eine wichtig Frage: „Wie geht ein Kunde vor, wenn er ein Produkt oder eine Leistung sucht?" Wir versuchen herauszufinden, was er warum macht und wie er die Interaktionen wahrnimmt und beurteilt. Oft ist eine Kombination von Methoden nötig, um ein umfassendes Bild zu bekommen. Mehr Sicherheit bedeutet mehr Aufwand. Hier muss man sich über

Aufwand und Nutzen verständigen. Wenn man versteht, was die Kunden antreibt und motiviert, kann man diese Erkenntnisse gezielt einsetzen. Zum Bespiel hat Swisscom das Angebot revolutioniert und an Kundenbedürfnisse angepasst. Viele Kunden wünschen sich eine genaue Kostenkontrolle über ihre Handyrechnung, weshalb viele von ihnen ein Prepaidsystem benutzten. Mit einer Flatrate, die in der Bandbreite variiert, konnten nicht nur viele neue Kunden hinzu gewonnen werden, sondern sogar langjährige Prepaidkunden überzeugt werden.

AF: Sie zeigen Unternehmen Wege auf, ihre Kunden besser zu verstehen und Produkte, Prozesse sowie Services für deren Bedürfnisse zu gestalten. Wie verankern Sie diese neue Kundenorientierung?

Stimmt: Das Wichtigste ist, Mitarbeiter möglichst früh in das Projekt zu involvieren. Wenn sie mitentwickeln und mitarbeiten oder bei Interviews dabei waren, stehen sie dahinter und verstehen, woher die neuen Ansätze und Ideen kommen. Kreativität und eine Prise Spaß helfen beim Einführen neuer Produkte, neuer Prozesse oder bei Serviceangeboten. Die Mitarbeitenden sind interne Kunden eines Projektteams und sollten auch ein nachhaltiges Erlebnis spüren.

AF: Das stetige Umsetzen und Ausrichten der Prozesse auf Kundensicht erfordert einen gewissen Veränderungswillen oder Perspektivwechsel im Unternehmen. Wie stellen Sie sicher, dass Mitarbeiter ihre Ergebnisse nachhaltig umsetzen?

Stimmt: Eine einfache und wichtige Maßnahme ist, die Mitarbeiter das eigene Unternehmen aus Kundensicht erleben zu lassen. Sie sollen sich bewusst machen, wie es ist, ein Kunde zu sein.

AF: Wie nehmen Sie mithilfe von Tiefeninterviews – und damit aus Kundensicht – eine bedürfnisorientierte Marktsegmentierung vor?

Stimmt: Wir erheben die Ereigniskette und lassen die Menschen ihre Erlebnisse erzählen und bewerten. Bei relevanten Erlebnissen vertiefen wir, um die Gründe und Motivationen zu verstehen. Aus den verschiedenen Bedürfnissen und Motivationen lassen sich danach Kriterien für unterschiedliche Segmente ableiten.

AF: Bei einem breitgefächerten Angebot und einer großen Zielgruppe besteht die Herausforderung, ein einheitliches Kundenerlebnis über alle Touchpoints hinweg zu ermöglichen. Welche Hilfsmittel geben Sie Ihren Kunden an die Hand, um die Vorgaben abteilungsübergreifend im Unternehmen durchzusetzen?

Stimmt: Mit einfachen Methoden müssen Teams in der Lage sein, die richtigen Maßnahmen von der Target Customer Experience abzuleiten damit sie ihre Ziele erreichen. Nicht alles ist mit einem CEM-Team und den wichtigsten CEM-Projekten lösbar. Da konzentriert man sich mehr auf die höchsten Prioritäten. Aber die Konsistenz hängt vom Verhalten aller Mitarbeitenden ab. Das ist für Firmen nicht einfach, denn die meisten kennen Veränderungsprobleme aus dem Kontext der Reorganisation. Bei einer kulturellen Transformation ist aber vieles anders, standardisierte Modelle, die sie kannten, passen einfach nicht. Jede Firma muss ihren ganz eigenen Weg finden. Wichtig ist es, sich Zeit zu nehmen und Zeit zu lassen. Wer einmal von CEM überzeugt ist, möchte rasch Erfolge erzielen – besonders das Management. Man kann bei einzelnen Themen schnell eine Wirkung und Erfolge erzielen, aber der mentale Change-Prozess braucht Zeit. Wir helfen dabei, dass Akzeptanz und Verständnis entstehen.

Nichts sagen

Problemfaktor 2: Informationsflut

Arbeitest du schon, oder liest du noch?
(Frei nach Ikea)

Nach der Unternehmenskultur beeinflusst die Informationsqualität den Erfolg und Misserfolg der Kundenkommunikation. Zu komplexe Informationen mindern Akzeptanz und Verständnis sowohl bei den Mitarbeitern als auch bei den Kunden. Darüber hinaus kämpfen immer mehr Unternehmen mit dem Problem der Informationsflut.

Die Komplexität der Informationen nimmt kontinuierlich zu. Die Folge: Dem Unternehmen fehlt jegliche Transparenz über Art, Umfang, Qualität und Aktualität der Informationen. Wichtige Informationen werden als solche nicht erkannt und übersehen. Die Reaktionsfähigkeit der Mitarbeiter hat stark abgenommen. Dem Unternehmen fehlt ein geregelter Informationsprozess mit definierten Standards für Inhalte und zielgruppengerechte Kommunikation.

Nehmen wir an, das Unternehmen generiert mit 5.000 Vertretern 25 Milliarden Euro Jahresumsatz (je Vertreter 2.000 Euro Umsatz pro Tag). Wenn ein Vertreter pro Woche ein Tag damit beschäftigt ist, Vertriebs- und Kundeninformationen zu lesen, reden wir über 400 Stunden bzw. 50 Arbeitstagen Leseaufwand je Vertreter pro Jahr.

Nehmen wir weiter an, wir reduzieren den Leseaufwand um 50 Prozent durch einen zielgruppengerechten Kommunikationsprozess, dann würden 25 Akquisitionstage pro Jahr gewonnen werden. Bei einem Tagesumsatz von 2.000 Euro pro Kopf pro Tag werden bei 5.000 Vertretern Ressourcen für einen Zusatzumsatz von 10 Millionen Euro frei. Selbst bei nur 20 Prozent Reduktion des Leseaufwands sprächen wir über Zeitressourcen, mit denen sich theoretisch 4 Millionen Euro Umsatzpotential generieren lassen!

Die genannten Beispielzahlen sind konservativer geschätzt als ein realer Fall aus der Finanzdienstleisterbranche, den ich 2013 untersuchen durfte. Dort befassen sich Kundenberater ganze zwei Tage pro Woche mit dem Lesen von Produkt-, Vertriebs- und Kundeninformationen. Nach einer Untersuchung des Geschäftsszenarios hinsichtlich der Rentabilität einer Investition in eine Lean-Communication-Lösung konnten die finanziellen wie strategischen Auswirkungen dargestellt werden: Das Verlustpotential infolge der hohen Informationskomplexität ging in Richtung einer Milliarde Euro.

Kein Einzelfall: Ein Unternehmen aus der Konsumgüterbranche kämpft mit ähnlichen Problemen. Man berichtete mir, dass etwa 100 Niederlassungen laufend über neue Produkte, Angebote und Aktionen informiert werden müssten. Hinzu kämen Informationen für etwa 3.000 Vertriebsstellen und Verkaufsunterlagen für rund 50.000 Mitarbeiter. Dazu addierten sich Handouts, Flyer etc. in Millionenauflage für Endkunden.

Schweizer Unternehmen und weltweit agierende Unternehmen stehen vor noch größeren Herausforderungen, da sich die vorgenannten Zahlen durch die Mehrsprachigkeit multiplizieren. Ohne Content-Management bedeutet jede kleine Textänderung einen riesigen Aufwand. Sie lernen daher in diesem Buch Lösungen kennen, wie man diesen gewaltigen Content reduzieren und in den Griff bekommen kann. Ziel: Jeder Satz muss im Unternehmen nur ein einziges Mal geschrieben werden. Hier sollen bereits die Stichworte Wiederverwendung und Mehrfachnutzung erwähnt werden. Dazu aber später mehr.

„Auch in der Kommunikation gilt das Gesetz des abnehmenden Grenznutzens: Immer mehr Aufwand bringt – ab einem gewissen Punkt – immer weniger Erfolg.“ (Michael Tost, ABC/Eurocom)

Das Dilemma: Durch medienübergreifendes Informieren und Publizieren steigt die Informationsflut mit der Folge, dass einst aktive Mitarbeiter in ihrer Passivität versinken. Das Übermaß an Information ist zum Kernproblem vieler Unternehmen geworden. Große Mengen an Content entwickeln sich zum Problem. Durch die Unmengen an Daten verringert sich dagegen die Informationsrelevanz für den einzelnen Adressaten. Mindestens 97 von 100 Mailings bzw. E-Mails landen ungelesen im realen oder elektronischen Papierkorb.

Die Informationsflut stellt in der Kundenkommunikation eine große Herausforderung dar, der sich im Geschäftsalltag kaum jemand entziehen kann. Unabhängige Studien ergaben: Mitarbeiter in Führungspositionen benötigen schätzungsweise 3,5 Jahre ihres Berufslebens, um unwichtige oder überflüssige E-Mail zu sichten!

Die Betriebsökonomie hat zu schlank aufgestellten Firmen geführt, die mit geringen Ressourcen maximalen Gewinn anstreben. Dies hat zu einer enormen Verdichtung von Informationsarbeit an den einzelnen Arbeitsplätzen geführt.

Wir leben in einem übersättigten Markt, in der die Produktqualität von Kunden als gegeben hingenommen wird. Um sich im Wettbewerb zu differenzieren, bleibt für Unternehmen nur die Kundenkommunikation. Jahrelang wurde die Produktion optimiert, um mit möglichst wenig Mitteln eine möglichst hohe Qualität zu erreichen. Heute stehen Unternehmen bei der Kommunikation vor der gleichen Frage: Wie erreiche ich mit möglichst wenig Kosten eine möglichst hohe Kaufbereitschaft? Die Kunst liegt in der Atomisierung der Informationsmedien und dass diese trotz allgemeiner Reizüberflutung vom Empfänger wahrgenommen werden. Das gilt intern wie extern. Ad-hoc-Werbung verpufft unbeachtet, weil es an einer einheitlichen Kommunikation bei ein und demselben Absender fehlt. Die häufigste Ursache liegt darin, dass den Unternehmen Kommunikationsziele fehlen oder sie falsch definiert sind.

Im Zusammenhang mit der Informationsflut ist eine der zentralen Fragen, wie man Mitarbeiter- und Kundeninformationen folgerichtig strukturiert und bereinigt. Denn beide Zielgruppen können die Informationsfülle nicht mehr aufnehmen. Daher sollte es das Ziel sein, den Nutzern von Informationen eine gute Orientierung zu verschaffen, damit er im Bedarfsfall schnell und auf die richtigen zugreifen kann.

Lösung 2: Texte optimieren, zielgruppengerecht gestalten

Benno Keysselitz ist bekannt durch die Realisierung vieler Corporate-Identity-Konzepte. Er schilderte bereits vor 20 Jahren in einem Vortrag zur „Integrierten Kommunikation als Produktivfaktor", wie sich ein Leuchtenhersteller im Konkurrenzumfeld von 200 Mitbewerbern und ca. 40.000 Modellen legitimierte, auf seinem Gebiet kompetent zu sein.

Der Leitgedanke des Herstellers war damals, das Licht statt die Leuchten in den Vordergrund stellen. Dies sollte durch die Schaffung eines neuen Bewusstseins realisiert werden. Dazu schuf er ein neues Kommunikations- und Architekturdesign. Keysselitz definierte die Bedeutung der Schrift in der Kommunikation allgemein so: „Schrift ist geschriebene (auch Bild gewordene) Sprache. Geschriebene Sprache beurteilen heißt: sich ausmalen, wie das jeweils vorliegende Schriftbild als Stimme klingen würde. Sprache in der Kommunikation (ob gesprochen oder geschrieben) dient in erster Linie der Verständlichkeit des Gesagten. Schrift ist visuell umgesetzte Rhetorik. Rhetorische Kraft entsteht durch die Deutlichkeit der Botschaft. Lesen ist Sehen. Lesen zielt auf Verstehen. Rätselhafte Aussagen blockieren den Einstieg in ein Thema. Schrift erfordert: sich in den Leser hineinzuversetzen und das Leseangebot so leseangenehm wie irgend möglich aufzubereiten."

Am Beispiel dieser Leitlinien und kommunikativen Denkprozesse wird deutlich, nach welchen Maßstäben Unternehmen ihre Kundenkommunikation auszurichten haben.

Gravierend sind aber meist die Unterschiede zwischen dem, was ein Unternehmen in seiner Unternehmensphilosophie verankert, und dem, was davon in der Kundenkommunikation übrigbleibt; zwischen dem, was ein Unternehmen kann, und dem, was zum Beispiel in Kundenkorrespondenz, Mailings etc. davon herauszulesen ist; zwischen dem, wie ein Unternehmen seine Qualität wertet, und dem, wie der Leser diese Inhalte empfindet.

Normen zur inhaltlichen Gestaltung sind deshalb ebenso notwendig wie die Gestaltung selbst, die das Unternehmen, die Institution oder die Person in ihrer Berufswelt widerspiegelt. Dass das einheitliche Erscheinungsbild des Unternehmens auf allen Geschäftsdrucksachen konsequent nach einem Urkonzept erfolgen muss, versteht sich inzwischen von selbst.

So wie vor Jahrzehnten Überzeugungsarbeit für ein Corporate Design geleistet werden musste, so ähnlich verhält es sich seit vielen Jahren mit Corporate Wording®. Ein Ausdruck von Unternehmenskompetenz ist eine griffige, eindeutige Sprache sowie deren konstante Ausübung. Sprache ist das Kapital einer jeden Unternehmung. *„Das Ziel des Schreibens ist es, andere sehend zu machen.“* (Joseph Conrad)

Immer mehr Unternehmen haben erkannt, dass die Maßstäbe, die sie an die sprachliche Qualität ihrer Materialien anlegen, Rückschlüsse darauf zulassen, wie genau es das einzelne Unternehmen mit dem Thema Qualität allgemein nimmt. Schriftliche Unterlagen, und dazu gehört zuvorderst die tägliche Korrespondenz, nehmen bei diesen Überlegungen eine zentrale Rolle ein und sind meist der Schlüssel zum Erfolg. Denn sie sind in vielen Fällen der erste Kontakt (Touchpoint) eines Kunden mit dem Unternehmen.

Dieser erste Eindruck ist häufig entscheidend. Das Ziel dieser sprachbewussten Unternehmen besteht darin, zu gewährleisten, dass das Unternehmen nicht nur inhaltlich, sondern auch sprachlich-formal mit einer Zunge spricht. Ein Mittel, dieses Ziel zu erreichen, sind hausinterne Stilrichtlinien. Diese sollen, unterstützt durch Softwaretools, Hilfe zur Selbsthilfe für all jene leisten, die täglich Texte schreiben. In diesem Kapitel erfahren Sie, wie sich das im Detail praktisch umsetzen lässt.

Neben Kundengesprächen – ob persönlich oder am Telefon – ist die schriftliche Kundenkommunikation per Brief, E-Mail, Formular, Flyer, Katalog etc. ein besonders wichtiges Kommunikationsmittel. Schriftstücke tragen den Namen und transportieren Gedanken des Unternehmens. Jedes einzelne Dokument sollte ein Sympathieträger sein. Die Zufriedenheit der Empfänger muss höchste Priorität haben. Das gilt auch bei „heiklen“ Briefen.

Im alltäglichen Kontakt mit den Kunden zeigt zum Beispiel der Rechtsschutzversicherer Roland, wofür seine Marke steht. Mit jedem Schreiben will er ein positives Image aufbauen. Tatsächlich kommen die in diesem Sinn erstellten und textoptimierten Briefe beim Kunden gut an. So wird zum Beispiel der Betreff „1. Mahnung“ durch das freundliche Wort „Erinnerung“ ausgetauscht. Das Drehen an solch kleinen Stellschrauben kann Großes bewirken. Der Rechtsschutzversicherer berichtete in seiner Mitarbeiterzeitschrift:

„Das Finanz- und Rechnungswesen erreichte ein Brief von einer zufriedenen Kundin. Das Beispiel zeigt: Verständlich und freundlich formulierte Briefe hinterlassen beim Kunden einen positiven Eindruck. Und das sogar bei einer Mahnung, wie der folgende Brief einer Roland-Kundin zeigt. Ein Ansporn für Roland und Zeichen: Wir machen weiter!“

Sehr geehrter Herr XXX,

vielen Dank für die Erinnerung vom XXX.
Es war tatsächlich durchgegangen, habe jetzt überwiesen.

Man ist ja so einiges gewohnt und deshalb will ich wirklich mal ein großes Lob aussprechen: Ich habe noch nie eine solch freundliche „Erinnerung“ (was schon viel freundlicher klingt als „Mahnung“) erhalten. Und weil ja in der Regel meist nur „Meckern“ Anlass zum Schreiben ist, will ich die gute Zusammenarbeit mit einem Danke unterstützen.

Freundliche Grüße auch an Sie XXX

Dieses Beispiel bestätigt: Worte haben eine mächtige Wirkung. Und diese Macht der Worte entscheidet über Erfolgsbilanzen. Wenigen finanzorientierten Managern ist das bewusst. Hand aufs Herz: Wie produktiv sind die Texte Ihres Unternehmens?

Die vier Dimensionen für Textqualität

Im Rahmen einer Softwareentwicklung für Textanalysen haben wir 2011 die vier entscheidenden Dimensionen für Textqualität analysiert und neu definiert:
- Lesbarkeit
- Vereinheitlichung
- Wortvielfalt
- Emotionsgehalt

Lesbarkeit
Handelt es sich um einen Text, der für Schüler geschrieben wurde, oder um eine Dissertation? Richtet sich der Text an eine Zielgruppe aus dem intellektuellen Milieu, oder sprechen Sie die bürgerliche

Gesellschaft an? Gleich, wie die Antwort lautet: Texte sollten lesefreundlich sein und von langen Wörtern, Bandwurmsätzen, Passivstil und Floskeln befreit werden.

Vereinheitlichung
Terminologie ist eine der drei Disziplinen von Corporate Wording®, neben Sprachklima und Sprachstil ist dies die Vereinheitlichung (Konsistenz). Der korrekte Wortlaut garantiert produktive, verständliche Inhalte. Die Terminologie muss allen Mitarbeitern, die Texte gleich welcher Art erstellen, zur Verfügung stehen, damit sie konsistent verwendet werden kann.

Die Folgen nichtkonsistenter Terminologie:
- Prozesse verzögern sich
- Markteinführungen verspäten sich
- bei interner/externer Kommunikation entstehen Probleme
- Missverständnisse/Fehlhandlungen sind programmiert
- Mitarbeiter und Kunden sind unzufrieden

Neben der Terminologie ist die Rechtschreibung ein Qualitätskriterium für schriftliche Kommunikation. Seit der Rechtschreibreform 2006 haben sich die Fälle vermehrt, in denen für ein Wort mehrere Schreibweisen existieren. Über das amtliche Regelwerk hinaus geben jeweils die Redaktionen der beiden Nachschlagewerke Duden und Wahrig sowie der Zeitungsverlage und der Nachrichtenagenturen, aber auch die Schweizer Orthografische Konferenz unterschiedliche Empfehlungen heraus. Somit stellt sich die Frage, woran man sich orientieren soll. Viele Firmen definieren daher eigene Empfehlungen wie zum Beispiel eine Versicherung, die für das Wort „Schadensfall" festlegt, dass es, anders als der Duden empfiehlt, nicht mit „s", sondern ohne geschrieben werden soll, nämlich „Schadenfall".

Für die Kundenkommunikation ist es wichtig, standardisierte Fachbegriffe und Schreibweisen konsistent zu verwenden. Im Kapitel „Lösung 3" erfahren Sie, welche Softwaretools den Umgang mit der Terminologie vereinfachen.

Wortvielfalt
Kreatives Texten allein der Kreativität wegen nutzt weder dem Unternehmen noch dem Kunden. Professionelles Texten heißt konstruktiv-kreatives Texten und dabei stets durch die Brille der Kunden schauen und aus deren Perspektive, das heißt, es sollten die Erwartungen und Lebenswelten berücksichtigt werden. Faustregel:

Je höher der Anteil von Wörtern aus dem Grundwortschatz ist, desto allgemeinverständlicher ist der Text.

Emotionsgehalt
Mit eindrucksstarken Reizwörtern können Sie beim Leser innere Suchvorgänge starten, Gedächtnisbilder abrufen und emotionale Wirkungen auslösen. Diese beeinflussen Kunden bei Entscheidungen und Handlungen. Abstrakte Wörter wie „Zweck“ oder „Kausalität“ können im Gedächtnis nur verbal kodiert werden (Ausnahme: durch subjektive Verbindung mit ganz bestimmten, persönlich erlebten Bildern). Konkrete Wörter wie „Apfel“ oder „Meer“ rufen sofort innere Bilder hervor, stehen also auch bei Ihren Kunden im Bildercode bereit. Bei der Auswahl emotionaler Wörter ist darauf zu achten, inwieweit Wörter für ein schematisches Aufnehmen, Erkennen und Verarbeiten geeignet sind. Die Wirkung von Wörtern kann man wie Fieber messen. Aus Studien ist bekannt, in welchem Ausmaß bei einigen tausend Wörtern angenehme oder unangenehme Emotionen (z.B. „kuschelig“ und „erschreckend“) hervorgerufen werden.

Der deutsche Wortschatz umfasst nur etwa 12 Prozent emotionale und bildhafte Wörter. Häufig werden diese in der Kundenkommunikation vernachlässigt, obwohl diese nachweislich am meisten bewirken. Bevor wir uns mit dieser „hohen Schule der unternehmerischen Schreibkultur“ befassen, sprechen wir die häufigsten Textmängel an – Nachlässigkeiten in den Grundregeln, auf neudeutsch die „Basics“.

1. Lesbarkeit: Die Teilchenbeschleuniger

Es sind oft die einfachsten Regeln, welche die größte Wirkung auslösen, indem man sie befolgt. So ist es auch mit den folgenden Grundregeln, die gegen die verbreitetsten Textsünden schützen. In der Schule haben Sie und ich diese Regeln gelernt, und dennoch ist gerade das Nichtbeachten dieses Grundwissens Kernursache langatmiger, mühsamer Texte in der Kundenkommunikation.

Kurze Wörter schreiben
In der Regel hemmen lange Wörter mit mehr als 24 Zeichen den Lesefluss, weil sie kaum mit einem „fotografischen Blick“ erfasst werden können.

Beispiele:

abermalig	wieder
annäherungsweise	fast, etwa
Aufgabenstellung	Aufgabe
Räumlichkeiten	Räume
Rückäußerung	Antwort
unter Zuhilfenahme	„mit Hilfe“

Eine Analyse von Textstichproben aus vier Unternehmen aus unterschiedlichen Branchen hat folgende Praxisbeispiele ergeben:

Rückversicherer
- Arbeitgeberhaftpflichtbelastungen
- Lebensversicherungsgesellschaften
- Schadenexzedentenrückversicherung

Energieversorger
- Wertbeeinträchtigungsaufwendungen
- Wertbeeinträchtigungsberechnungen
- Elektrizitätswirtschaftsordnung

Automobilhersteller
- Körperschaftsteuerminderungsanspruch
- Konzernfinanzierungsgesellschaften
- Lieferantenqualifizierungsprozesse

Elektrotechnikkonzern
- Telekommunikationsausrüstungsgüter
- Produktionsautomatisierungstechnik
- Produktivitätssteigerungsmaßnahmen

Viele zusammengesetzte Wörter, sogenannte Komposita, lassen sich durch einen Bindestrich auflösen. Ausnahmen bilden feste Begriffe wie zum Beispiel „Versicherungsvertragsgesetz“. Umso wichtiger ist es, auf den Lesefluss hemmende Wörter zu achten, die sich kürzen oder auflösen lassen.

Vorher:
Auf jeder Trinkflasche befindet sich ein Sammelpunkt für Fußballländerspieltickets.

Nachher:
Auf jeder Trinkflasche befindet sich ein Sammelpunkt für Fußballländerspiel-Tickets.

Kurze Sätze schreiben
Sätze mit mehr als 224 Zeichen hemmen den Lesefluss. In der Regel stecken zwei Gedanken in solch einem langen Satz. Dies kann das Verständnis erschweren. Steigern Sie die Textproduktivität durch kurze, lesefreundliche Sätze.

Vorher:
Zur Unterstützung der Entwickler bei der Lösung von Problemen, die mit der verwandten Programmierumgebung zusammenhängen, wurde im Arbeitskreis ein Formular für den Fehlerreport und im Anschluss eine Applikation erstellt, die die Erfassung und die Recherche von Fehlermeldungen für die Anwenderinnen und Anwender in der Versuchsabteilung erleichtern soll.

Nachher:
Im Arbeitskreis haben wir ein Formular für den Fehlerreport und eine Applikation erstellt. Ziel ist es, die Erfassung und die Recherche von Fehlermeldungen in der Versuchsabteilung zu erleichtern. So können die Entwickler Probleme leichter lösen, die mit der verwandten Programmierumgebung zusammenhängen.

Aktiv schreiben
Häufig neigen Mitarbeiter dazu, aktive Verben in passive Substantive umzuwandeln. Dies sind in der Regel substantivierte Verben (Nominalstil), die mit den Endsilben „heit", „keit" und „ung" gebildet wurden. Wörter wie „Achtung" oder „Zeitung" zählen natürlich nicht dazu. Sätze mit dem Hilfsverb „werden" wirken passiv. Der Anteil solcher Satzbildungen sollte in einem Text unter 5 Prozent liegen.

Vorher:
Der Gewinn an Flexibilität sorgt für Zeiteinsparung bei Planung und Arbeitsvorbereitung und macht viele Anschlussdosen überflüssig. Eine Bestätigung von Testern der Handwerker-Zeitung.

Nachher:
Gewinn an Flexibilität: Sie sparen beim Planen und Vorbereiten der Arbeit Zeit. Viele Anschlussdosen sind überflüssig. Dies bestätigten die Tester der Handwerker-Zeitung.

Verständlich schreiben
Ziel allgemein verständlicher Texte, die sich an Nichtfachleute wenden: Mehr als 80 Prozent aller Wörter eines Dokuments sollten aus dem deutschen Grundwortschatz stammen. Hilfreich: Fremdwörter erläutern und Abkürzungen vermeiden.

Vorher:
Die Gebäude zeichnen sich durch eine durchdringende Schärfe und Luzidität aus. Der Architekt ist ein Genie, ingeniös auf vielen Feldern.

Das Hotel befindet sich direkt am Strand, von dort aus ist der Hafen fußläufig in fünf Minuten erreichbar.

Nachher:
Die Gebäude zeichnen sich durch eine durchdringende Schärfe und Helligkeit aus. Der Architekt ist ein Genie, erfinderisch auf vielen Feldern.

Das Hotel befindet sich direkt am Strand, von dort aus ist der Hafen in fünf Minuten zu Fuß erreichbar.

Papierwörter vermeiden
Papierwörter wie „Sehr geehrte" in der Anrede werden im mündlichen selten genutzt. Daran reihen sich Allerweltsfloskeln wie „beigefügt erhalten Sie" sowie hohle Phrasen „wir würden uns freuen, Sie begrüßen zu dürfen" und überflüssige Füllwörter wie „auch, nur, etc." Der Anteil an dieser Wortgruppe sollte in einem Textdokument unter 5 Prozent liegen.

Die drei häufigsten Floskeln, die wir in den bereits genannten Textstichproben ausfindig machten sind:

Rückversicherer:
- insbesondere
- entsprechend
- gemäß

Energieversorger:
- gemäß
- insbesondere
- betreffend

Automobilhersteller:
gemäß
insbesondere
entsprechend

Elektrotechnikkonzern:
insbesondere
entsprechend
gemäß

Kurze, zeitgemäße Begriffe sind in der Regel leichter verständlich als längere Formulierungen:

Vorher:
Sehr geehrte Teilnehmerinnen und Teilnehmer,
abermalig treffen wir uns am kommenden Montag im Seminarraum unserer Zentrale. Beiliegend sende ich Ihnen vorab die Zusammenfassung mit Fragen aus der letzten Veranstaltung. Wir würden uns über eine Rückäußerung freuen.

Mit freundlichen Grüßen
M. Müller
Vertriebsleitung

Nachher:
Guten Tag, liebe Teilnehmer,

am kommenden Montag treffen wir uns wieder in unserer kreativen Lernquelle. Sie erhalten heute den Extrakt mit Fragen des letzten Seminars. Über eine Antwort freuen wir uns.
Bis zum Wiedersehen eine erfolgreiche Zeit

Manfred Müller
Vertriebsleiter

Anglizismen reduzieren
Im Verhältnis zu rund 250.000 Wörtern der Allgemeinsprache und etwa 85.000 Fremdwörtern (vorwiegend aus dem Griechischen oder Lateinischen) ist die Anzahl der Anglizismen gering: Man schätzt etwa 6.500 aktive Anglizismen. Begriffe, die sich im Deutschen eingebürgert haben, wie Controlling, Marketing, Factoring, Computer, Hard- und Software, Start-up-Unternehmen etc. sollte man auch weiterhin benutzen.

Eine Unsitte ist, mit Fremdwörtern zu prahlen oder durch Fachchinesisch sein Spezialwissen unter Beweis stellen zu wollen. Ausnahmen bestätigen diese Regel: Marketing kommt aus dem Angelsächsischen. Hier sind Anglizismen in den deutschsprachigen Raum übernommen worden. Wie klänge auch: „Großunternehmensgestaltung" oder „Kundenübersetzungsverwaltung"?

Die Software AG hat das in ihren Stilrichtlinien schon vor Jahren so kommentiert: „Interesse oder Intelligenz gehören zu unserer Alltagssprache und werden nicht mehr als Fremdwörter empfunden. Chance, durch Möglichkeit oder Gelegenheit ersetzt, trifft vielleicht um eine Nuance nicht das, was gemeint ist. Statt Engagement lässt sich auch Einsatz sagen. Hier ist das deutsche Wort nicht unbedingt treffender, denn mit Einsatz meinen wir nicht ausschließlich eine emotionale Haltung, sondern auch den Gebrauch einer Maschine. Fremdwörter können das Gemeinte manchmal präziser ausdrücken. In der Kommunikation zwischen Fachleuten dienen Fachausdrücke der leichteren Verständigung. Wer aber viele und häufig dieselben Fremdwörter benutzt, hat einen begrenzten Sprachschatz."

Verwenden Sie nur Fach- und Fremdwörter, die der angeschriebenen Zielgruppe geläufig sind. Es ist ein besonderes Merkmal vieler Fachsprachen, dass sie in zunehmendem Maße von der englischen Sprache beeinflusst sind. Achten Sie darauf, dass Sie nur solche Ausdrücke verwenden, von denen Sie sicher sein können, dass sie von den Lesern auch verstanden werden. Erläutern Sie Fachwörter, von denen Sie annehmen, dass die angesprochenen Leser sie nicht verstehen. Wenn sich ein für den Leser unbekannter Ausdruck nicht vermeiden lässt, dann erläutern Sie das Wort beim ersten Auftreten im Text. Dies gilt auch für die Fälle, in denen Sie einen bestimmten Begriff im Sinne des Unternehmens prägen möchten.

Achten Sie auf eine durchgängige Verwendung von Fachwörtern. Es ist sonst recht verwirrend, wenn innerhalb eines Textes ein und derselbe Sachverhalt oder Vorgang auf verschiedene Weise bezeichnet wird. Gerade in technischen Texten ist die Eindeutigkeit sehr wichtig. In Marketingtexten ist die Wiederholung von Fachausdrücken ein beliebtes Mittel, um die Leser mit einem neuen Thema, einer neuen Technologie oder einem neuen Produkt vertraut zu machen. In Briefen ist es besser, Wiederholungen zu vermeiden und stattdessen Synonyme zu verwenden. Natürlich müssen Sie dann die Beziehung zwischen den unterschiedlichen Wörtern, die denselben Sachverhalt ausdrücken, deutlich machen.

Die deutsche Sprache ist abwechslungsreich. Suchen Sie deshalb nach einem deutschen Ausdruck, bevor Sie gedankenlos ein Fremdwort schreiben. Und berücksichtigen Sie vor allem, welchen Leserkreis Sie ansprechen.

Vorher:
Im Meeting am kommenden Freitag präsentieren wir unser neues Projekt, das bei einem Brainstorming entstanden ist.

„Mein Leben ist eine giving-story. Ich habe verstanden, dass man contempory sein muss und future-Denken haben muss. Aber die audience hat das alles von Anfang an auch supported.“ (Unternehmerin aus der Modebranche)

Nachher:
In der Besprechung am kommenden Freitag präsentieren wir unser neues Projekt, das bei einer Ideenkonferenz entstanden ist.

„Meine Lebensgeschichte ist ein Geschenk. Ich habe verstanden, dass man am Puls der Zeit sein muss und Zukunftsdenken braucht. Aber mein Publikum hat dies alles von Anfang an auch unterstützt.“

2. Vereinheitlichung: vom Wert der Terminologie

In der Kundenkommunikation werden – wie in jeder anderen Organisation – spezielle Termini verwendet, die in keinem Standardwörterbuch zu finden sind. Beispiel: Im Microsoft Internet Explorer wird der Terminus „Favoriten“ verwendet. Bei anderen Webbrowsern wird dasselbe Feature als „Lesezeichen“ bezeichnet. Für ein Unternehmen ist es wichtig, die richtigen Termini in allen Kommunikationsformen korrekt zu verwenden.

Sogenannte „Termbanken“ sind vergleichbar mit elektronischen Wörterbüchern. Die Termbank eines Unternehmens, das Software vermarktet, enthält beispielsweise Termini wie Dialogfeld, Drop-down-Liste, Taskleiste usw.

Termbanken können direkt über ein Textverarbeitungsprogramm wie Word abgefragt werden. So werden Kundentexte im Hintergrund automatisch nach bekannter Terminologie durchsucht und von Vorgaben abweichende Schreibweisen durch die gewünschte ersetzt. Die passenden Zielbenennungen lassen sich dann einfach in den Text einfügen. Dieser Vorgang wird als aktive Terminologieerkennung bezeichnet. Mitarbeiter müssen während der Textbearbeitung also keine separate Anwendung öffnen oder gar in einem gedruckten Wörterverzeichnis nachschlagen, um zeitraubende Terminologierecherche zu betreiben. Termbanken bieten drei Hauptvorteile:

1. Zeit- und Kostenersparnis, weil Sie Zielbenennungen nicht mehr aufwändig suchen und eingeben müssen.
2. Höhere Qualität, weil Sie dieselben Zielbenennungen immer konsistent verwenden. Mit Termbanken lassen sich unnötige Varianten vermeiden, die für die Leser verwirrend sein können.
3. Sie können Terminologie erstellen und verwalten, die kunden- oder produktspezifisch sind und die in keinem Standardwörterbuch gefunden werden.

Es gibt schnelle und effiziente Wege, per Termextraktion die eigene Termbank mit passender Terminologie zu füllen. Sie kann aus bestehenden Dokumenten überführt werden. Auf diese Weise filtern Sie eine Termbank sehr schnell mit relevanter Terminologie. Sie können beispielsweise in der Vergangenheit erstellte Dokumente verwenden, um kunden- bzw. projektspezifische Termini zu erfassen, die dann für zukünftige Kundeninformationen bereitstehen.

Die Terminologiearbeit ...	
erleichtert	Kommunikation zwischen Abteilungen und mit Kunden
spart	Kosten Zeit Nerven
erhöht	Produktivität Qualität (konsistente Verwendung der Unternehmenssprache) Motivation der Angestellten
reduziert	Time-to-Market Anzahl falscher Bestellungen Anzahl Supportanfragen Zeit für Terminologieaufgaben

3. Wortvielfalt: konstruktiv-kreativ texten

Texte können ermüdend wirken, wenn Sie verschwenderisch mit Wortwiederholungen umgehen.

Vorher:
Ist das der Fall, wird eine Bestellanforderung angelegt. Das Einkaufssystem übernimmt die Informationen aus der Bestellanforderung und entlastet Sie auf diese Weise bei der Eröffnung von Bestellungen. Ebenso wie Bestellanforderungen können Sie Bestellungen selbst erzeugen oder durch das System automatisch erzeugen lassen.

Nachher:
Ist das der Fall, wird eine Bestellanforderung angelegt. Das Einkaufssystem übernimmt die Informationen aus dem Auftrag und entlastet Sie auf diese Weise bei der Eröffnung von Bestellungen. Ebenso können Sie die Order selbst oder durch das System automatisch erzeugen lassen.

Bei aller Liebe zur Wortvielfalt gilt folgende Faustregel für allgemeinverständliche Texte: Wortvielfalt ja, aber nur dann, wenn sie von der Zielgruppe verstanden wird. Bevorzugen Sie geläufige, häufig gebrauchte Wörter. Ausnahmen, wie Stilmittel für Werbetexte, in denen einzelne Wörter durch gezielte Wiederholung im Gedächtnis des Kunden verankert werden sollen, bestätigen diese Regeln.

In diesem Buch lernen Sie Softwarelösungen kennen, mit denen Sie zeitsparend Synonyme finden und nebenbei Ihren eigenen Wortschatz durch täglichen Gebrauch erweitern.

Ein weiteres nützliches Nachschlagewerk ist das Wörterbuch „Der deutsche Wortschatz nach Sachgruppen“ von den beiden Autoren Franz Dornseiff und Uwe Quasthoff, das bereits im Zusammenhang mit der Bachelorarbeit über Sinus-Milieus® erwähnt wurde. Es liegt aktuell in der achten Auflage im Verlag Walter de Gruyter vor, der in der Produktinformation zum Buch u.a. schreibt: „Thomas Mann benutzte ihn ebenso wie Lion Feuchtwanger, Paul Celan ebenso wie Hermann Kasack: den Dornseiff. Peter Hacks schrieb: ‚Zwei Schriftsteller, die sich zusammentäten, hätten zwei Zimmer, zwei Schreibtische und den Dornseiff doppelt.‘ Den ‚Reichtum der deutschen Ausdrucksmittel‘ wollte Franz Dornseiff (1888 bis 1960) dokumentieren, als er 1933 sein großes Wörterbuch zum ersten Mal vorlegte.

Die Dichter haben sich dieser Schatztruhe der deutschen Sprache gerne bedient, und nicht nur sie."

Mit seinem Strukturierungsprinzip stellt der Dornseiff ein Hilfsmittel für jeden Schreibenden dar, der bedeutungsverwandte Wörter (Synonyme) sucht, um seine Texte präziser und abwechslungsreicher zu formulieren. Das Werk bildet den gesamten deutschen Wortschatz nach Sachgruppen geordnet ab: Leben, Form, Größe, Menge, Zeit, wollen und handeln, Fühlen, Charaktereigenschaften, Das Denken, Wissenschaft, Kunst/Kultur, essen/trinken usw.

Jeder Eintrag liefert eine Fülle von Wörtern aller Wortarten, die zur jeweiligen Sache bzw. einem Begriff gehören. Er bietet Information, Dokumentation und Inspiration in einem. Wer sich in die Berufs- oder Freizeitwelt seiner Kunden hineinversetzen will und deren Worte gebrauchen möchte, für den ist der Dornseiff unentbehrlich.

4. Emotionsgehalt: Gefühl vor Verstand

Die Bedeutung eines Wortes ist sein Gebrauch in der Sprache.
(Ludwig Wittgenstein, 1953)

Die Wirkung von Wörtern auf das menschliche Verhalten und Assoziieren lässt sich vorausbestimmen. Deshalb sind die Kenntnisse über die Informationsverarbeitung des Gehirns eine wichtige Grundlage für die optimale Textgestaltung. Während Sie dieses Buch gerade lesen, konnte ich beim Verfassen des Manuskripts vorhersehen, was geschieht, wenn Sie jetzt folgende Anweisung lesen: Denken Sie jetzt nicht an eine weiße Maus!

Zu diesem Phänomen hat Herbert Hörz in seinem Buch „Marxistische Philosophie und Naturwissenschaft", aus dem Jahr 1975, geschrieben: „Sicher haben wir im Kopf keine abgebildeten Gegenstände, aber wir haben mithilfe der Signale aus der Außenwelt ein bedeutungstragendes Zeichensystem ausbauen können, das in seinem inneren Zusammenhang ein überprüfbares ideelles Modell objektiver Beziehungen darstellt, mithilfe dessen man zweckmäßig reagieren und zielgerichtet verändern kann. Über neue Signale und Reaktionen wird dieses Modell weiterentwickelt, neue Zeichen kommen hinzu, die Bedeutung bekannter Zeichen wird besser erkannt, usw."

Die Wörter „weiß“ und „Maus“ signalisierten Ihnen eine Bedeutung, ein ideelles Abbild, das die eigentliche Information darstellt. Menschen sind im Gehirn meist rechts- oder linksdominant. Das heißt, die eine Hemisphäre überwiegt die andere. Linksdominante Menschen, die bei einer Problemlösung die linke Hirnhälfte bevorzugt nutzen, orientieren sich an Fakten und gehen schrittweise analytisch mit Zahlen und Texten um (sequentiell, digital). Rechtsdominante Persönlichkeiten suchen intuitiv nach Einsichten, Bildern, Mustern, Tönen oder Ähnlichem (ganzheitlich, analog).

Spätestens seit dem der Architekt Walter Gropius 1919 sein Programm für die Weimarer Hochschule für Gestaltung, das spätere Bauhaus, vorstellte, bemühten sich Künstler und Handwerker darum, Funktion (linksdominant) und Design (rechtsdominant) unter einen Hut zu bringen. Das Programm, aus dem heraus damals Häuser, Fabriken, Möbel, Lampen usw. entworfen wurden, gilt bis heute als Richtschnur für zahlreiche Kreative des industriellen Designs in aller Welt. Aber die Grundidee, dass das alltägliche Leben nicht nur eine praktische, sondern auch eine ästhetische Dimension haben sollte, ist längst nicht selbstverständlich.

Eine Erhebung des Instituts für Demoskopie Allensbach aus dem Jahr 1992 zeigte zwei Grundsatzpositionen, die bis heute gelten und die ich hier wieder aufgreifen möchte.

Gruppe 1
„Für mich ist es ganz wichtig, mich mit möglichst schönen Dingen zu umgeben. Etwas, das man im Alltag ständig benutzt und braucht, soll auch gut aussehen, eine ansprechende Form und Farbe haben. Deshalb achte ich darauf, dass die Dinge schön sind.“

Gruppe 2
„Das sehe ich anders. Am wichtigsten ist doch, dass die Dinge, mit denen ich umgehe, gut funktionieren und ihre Aufgabe erfüllen. Das schöne Aussehen ist dabei nebensächlich. Ich achte vor allem darauf, dass die Dinge nützlich und praktisch sind.“

Es gibt nur wenige demoskopische Fragen, bei denen die Bevölkerung so haarscharf in zwei Gruppen auseinanderfällt. 44 Prozent erkennen ihre eigene Haltung in der ersten Position, im Plädoyer für die Schönheit von Alltagsgegenständen. Ebenfalls 44 Prozent beschreiben sich selbst als Pragmatiker, denen die ästhetische Form eines Bügeleisens nur in zweiter oder dritter Linie wichtig ist.

In der Kundenkommunikation ist dies zu berücksichtigen. An dieser Stelle erwähne ich gerne zwei unterschiedliche Texte von zwei Wettbewerbern, die einen Rasenmäher bewerben:

Überwiegend rational:
Der neue Economic-Rasenmäher bietet maßgeschneiderte Anforderungen für zunehmend umweltbewusst handelnde Verbraucher. Dabei wurden die schwierigsten Probleme beim Mähen mit einem Benzinrasenmäher gelöst: Die Geräuschentwicklung und das Startverhalten des 4-Takt-CHV-Motors …

Überwiegend emotional:
Da genügt ein einziger Zug. Der Motor schnurrt los – so leise wie eine Katze. Die Arbeit im Garten soll schließlich Spaß und Entspannung bringen. Es wird Sie jetzt kaum überraschen, dass der umweltfreundliche Motor bis zu 30 Prozent weniger Kraftstoff braucht …

Kann man die Emotion von Wörtern messen?
Antwort gab schon vor Jahrzehnten das Handbuch „Deutschsprachige Wortnormen" aus dem Hogrefe Verlag: „Wörter werden danach beurteilt, ob sie eher ein angenehmes oder eher ein unangenehmes Gefühl hervorrufen. Wörter, die ein angenehmes, positives Gefühl erwecken, erhalten einen positiven Zahlenwert (max. +20,00). Diejenigen Wörter, die unangenehme oder negative Gefühle erzeugen, bekommen einen negativen Zahlenwert zugewiesen (max. –20,00)."

Zu den Top-20 der auf diese Weise 1.188 bewerteten Adjektive zählen folgende Wörter mit bis zu +18,08 Punkten:
glücklich, frei, verliebt, liebevoll, zärtlich, gesund, schön, ehrlich, ideenreich, phantasievoll, aufrichtig, warm, gefühlvoll, feinfühlig, friedlich, fröhlich, verständnisvoll, weise, kreativ, selbständig.

Schlusslicht bilden die Adjektive mit bis zu –17,46 Punkten: rassistisch, brutal, unmenschlich, grausam, bösartig, verlogen, gewalt-4tätig, gehässig, hinterhältig, widerlich, heuchlerisch, heimtückisch, ungerecht, falsch, niederträchtig, kriecherisch, sadistisch, herzlos, autoritär, skrupellos.

Jeder Mensch verfügt über eine Art mentales Lexikon, in dem die Bedeutung von Wörtern durch Synonyme, Ober- und Unterbegriffe, Redewendungen etc. dargestellt werden können. Positive Reizwörter bringen schneller innere Bilder hervor als solche mit negativer Stimulans. Ganz wichtig in der Kundenkommunikation: Je emotionaler ein Reizwort ist, desto länger bleibt das innere Gedächtnisbild bestehen. Die Fähigkeit des Menschen, Assoziationen durch Sprache hervorzubringen, sollte beim Texten mit Hilfe eines „assoziativen Wörterbuchs" genutzt werden. Denn bei der Suche nach Texten, die eine Information schnell und klar verständlich umsetzen, darf sich ein Texter nicht auf seine persönlichen Assoziationstendenzen verlassen, sondern sollte sich besser auf empirisch ermittelte Assoziationen stützen. Softwaregestützte Lösungen dazu finden Sie im Kapitel „Lösung 3".

In Projekten mit international agierenden Unternehmen taucht immer wieder die Frage auf, ob ich objektive Messwerte kenne, wie Wörter in verschiedenen Kulturen wirken. Ja, die gibt es. Wörter kann man auch weltweit wie Fieber messen.

Die Rede ist von drei grundlegenden, interkulturellen Dimensionen: Evaluation (Empfindung), Potency (Stärke) und Activity (Aktivität). Professor David Heise hat in den 1970er Jahren an der Indiana University ein internationales Forschungsprojekt namens „Magellan" ins Leben gerufen. Ziel: Emotionale Wortassoziationen verschiedener Kulturen messen (u. a. USA, Kanada, Japan, China, Deutschland).

Das Projekt führte zu einem „affektiven Wörterbuch" – eine beachtliche interkulturelle Wörterdatenbank. Wir haben diese Ergebnisse für ein Zielgruppen-Wörterbuch (Colorword Communication) nutzen können und Typologien zugeordnet.

Das Messinstrument zur Datenabfrage ist dreidimensional geeicht:
Evaluation – Pleasant feelings (good – bad)
Potency – Feelings of power (strong – weak)
Activity – Lively feelings (quickly – slowly)

Diese drei Dimensionen sind das Ergebnis sozialer Interaktionen. Menschen reagieren miteinander, beeinflussen und kontrollieren sich gegenseitig. Unbewusst umrahmt unser Verstand diese Interaktionen automatisch in einen dreidimensionalen Kontext:

1. Affiliation dimension: Is something or someone pleasant or unpleasant? Do you feel attracted or repelled?
2. Dominance dimension: Is something or someone powerful or weak? Do you feel superior or inferior?
3. Activity dimension: Is something or someone excited or calm? Do you feel active/ready to act or relaxed?

Die drei Dimensionen sind Teil der Affect Control Theory (ACT, Heise 1979, 2007). ACT geht davon aus, dass Menschen ihre sozialen Handlungen so auswählen, dass sie in Dialogen affektiv „passen". Dieses Wissen sollte auch in die Unternehmenskommunikation Einzug finden. Weiterführende Informationen finden Sie unter www.sociology.org/conrent/vol005.003/mag.html, www.tschroeder.eu).

Aufwand senken, Prozesse optimieren, Qualität sichern

Der hier dargestellte Ansatz in der Kundenkommunikation 3.0 hat drei „Schlankmacher" zum Ziel: Schreibaufwand senken, Prozesse optimieren und Qualität sicherstellen.

Lean Management

Prozess für individuelle Informationen		
CONTENT SCHREIBAUFWAND SENKEN	**PROZESS** BÜNDELN, OPTIMIEREN, VERTEILEN	**ANALYSE** CW DEUTSCH plus QUALITÄT & CONTROLLING
Individualisieren durch Standardisieren	• Modularisierung • Textbausteine • Textsegmente	• Lesbarkeit • Konsistenz • Vielfalt • Emotionsgehalt

Der Begriff „Lean Management" entstand Anfang der 1990er Jahre, als amerikanische und englische Forscher das Erfolgsgeheimnis des japanischen Autoherstellers Toyota erforschten: das „Toyota Production System" (TPS). Das TPS verfolgt das Ziel, Autos allein nach Kundenwünschen herzustellen.

Lean steht für die schlanke Organisation von (Produktions-)Prozessen. Viele Unternehmen schleppen aufgeblähte Managementstrukturen und komplexen Inhalt als Ballast mit sich herum, die die Kommunikationsprozesse aufblasen und Kundendialoge extrem verlangsamen. Um dem entgegenzuwirken, übertragen moderne Unternehmen nun ein schlankes Produktionssystem auf ihre Kommunikationsprozesse, um sich für ihre Kunden auf das Wesentliche konzentrieren zu können: deren Interessen und Erwartungen. Das systematische „Übersetzen" in Kundennutzen mit intelligenten Tools spart Zeit und schont Ressourcen.

Die Ziele des Lean Managements können nach den Wissenschaftlern Werner Pfeiffer und Enno Weiß so zusammengefasst werden (Pfeiffer/Weiß, 1992):

- Permanenz und Konsequenz in allen Prozessen
- Keine Verschwendung von Ressourcen
- Kernaktivität in den Mittelpunkt stellen
- Kundenorientierung ist das Maß aller Dinge

Dies erhöht die Prozessgeschwindigkeiten, reduziert überflüssige Prozessschritte und steigert den Kundennutzen.

In der Mitte des Lean Managements steht der Klassiker: „Das Prinzip ist, alles in Bewegung zu halten und die Arbeit zu den Mitarbeitern zu bringen, statt die Mitarbeiter zur Arbeit. Dies ist das eigentliche Prinzip unserer Produktionen, und Förderbänder sind nur eines von vielen Mitteln." (Henry Ford)

Lean Production

Die drei von James P. Womack definierten Grundsätze der Lean Production lauten wie folgt:
1. Es wird nur produziert, was wirklich gebraucht wird, und nur dann, wenn es gebraucht wird. Dieser Grundsatz ist auch als Just-in-Time-Prinzip bekannt.
2. Tritt ein Fehler auf, werden die Ursachen sofort gesucht und Lösungen zur Vermeidung entwickelt.
3. Alle Mitarbeiter und externen Zulieferer sind aufgefordert, Produkte ständig zu verbessern.

Von der ersten Idee für ein Produkt bis zu dessen Einführung in die Märkte vergeht oft unnötige Zeit. Diese „Vorlaufzeit" – auch Time-to-Market genannt – garantiert dem Unternehmen einen Wettbewerbsvorteil.

Unternehmen müssen anfangen, nur das zu produzieren, was wirklich gebraucht wird, einfach herzustellen ist und somit schnell verkauft werden kann. Je schlanker die Prozesse, desto schneller kann bis zu einem gewissen Grad auf Kunden eingegangen werden.

Lean Communication

Beim Empfänger kommt nur diejenige Information an, die wirklich gebraucht wird, und zwar nur dann, wenn sie gebraucht wird.

Dr. Wolfgang Strunz (Steinbeiss-Transferzentrum Wissensmanagement & Kommuniktion)

Lean Communication ist ein Ableger, der sich als Folge von schlanken Produktionsprozessen ergibt. Lean Communication umfasst das Verschlacken, das Ausdünnen des Inhalts und das Beschleunigen der Informationsproduktion, wie Schreibprozesse und Erstellen von Dokumenten, gleich welcher Art. Gefragt ist intelligente Kommunikationsproduktion durch alle Bereiche hinweg – reduziert auf ein gesundes Maß. Das Industrialisieren der Kundenkommunikation ist eine Gratwanderung. Die Gefahr besteht natürlich, dass vor lauter Verschlackung durch Standardprozesse Individualität und Flexibilität auf der Strecke bleiben. Die zu Beginn angesprochenen Dialog-Verschlackungen in Callcentern beweisen hingegen das Gegenteil:

Ciaran O'Driscoll schrieb ein amüsantes und gleichzeitig nachdenkliches Gedicht – entdeckt auf www.babelforce.com. Wir alle kennen das:

> „... And I'm talking to a robot on the phone,
> and he is giving me no options
> in the guise of countless alternatives.
> We appreciate your patience. Please hold.
> Eine Kleine Nachtmusik. Please hold.
> Eine Kleine Nachtmusik. Please hold.
> ..."

Das Gedicht endet wie folgt:

> „... Please hold. Please grow old. Please grow cold.
> Please do what you're told. Grow old. Grow cold.
> This is the future. Please hold."

Die Frage ist, wie viel standardisierte Prozesse nötig sind, um derartiges zu verhindern. Ein aktuelles Beispiel dazu: Dieser Tage traf ein Brief aus einem Modehaus in Freiburg ein. Dort hatte ich vor geschätzten zehn Jahren ein Kleidungsstück gekauft, an das ich mich heute nicht mehr erinnern kann. Auf den ersten Blick ein anschaulicher, lesefreundlicher Brief – korrekt personalisiert – mit dem Oscar Wilde-Zitat verknüpft. „Das Außergewöhnliche gibt der Welt ihren Wert". Doch dann weiter: „Für Ihre Treue möchten wir Ihnen mit der neuen Kundenkarte unsere Wertschätzung entgegenbringen. Profitieren Sie als besonderer Kunde von besonderen Vorteilen und außergewöhnlichen Momenten."

Treue? Ich habe dort seit zehn Jahren nichts mehr gekauft! Damit bricht diese Kundenakquise wie ein Kartenhaus zusammen. Standardisierte Briefe mit individueller Anrede – das konnten Textsysteme schon in den 1980er Jahren. Im Sinne von Lean Communication hätte es hier dreier Textvariablen bedurft:

1. für Stammkunden
2. für Neukunden
3. für ehemalige Kunden, die reaktiviert werden sollen

„Individualisieren durch intelligentes Standardisieren" lautet mein Leitsatz, der lediglich auf den ersten Blick widersprüchlich erscheint. Um es umzusetzen, müssen Inhalte mit kundenbezogenen Variablen modularisiert und segmentiert werden.

Mit Kunden korrespondieren

Der Aufbau einer Kundenbeziehung ist die Grundlage für erfolgreiche Korrespondenz. Wie schnell ein Kundenbrief daneben gehen kann, zeigt das Beispiel des Freiburger Modehauses.

Das Wort „korrespondieren" klingt auf den ersten Blick konservativ, wenn nicht gar verstaubt. Durch seine laut Duden doppelte Bedeutung trifft es den Customer-Translation-Nagel auf den Kopf – nämlich im Sinne von b), „übereinstimmen":

kor|re|s|pon|die|ren
im Briefverkehr stehen
übereinstimmen

Synonyme:
sich [Briefe] schreiben, Briefe wechseln, brieflich verkehren, einen Briefwechsel führen, im Briefverkehr/Briefwechsel stehen, im Schriftverkehr/Schriftwechsel stehen;

(bildungsspr.): in Korrespondenz stehen.
aufeinander abgestimmt sein, sich decken, eins sein, entsprechen, gleich/identisch sein, gleichen, gleichkommen, in Beziehung stehen, konform gehen, übereinstimmen, zusammenfallen, zusammenpassen;

(geh.): im Einklang stehen;

(bildungsspr.): kongruieren, konvergieren.

Verknüpft mit Customer Translation Management gewinnt die zweite Bedeutungsgruppe mehr Gewicht und rückt somit in der Kundenkommunikation 3.0 in den Vordergrund: Aufeinander abstimmen, sich entsprechen und im Einklang stehen bedeutet hier, durch gezielte Worte den Kunden im schriftlichen Dialog gewinnen. Das ist eine große Herausforderung, da der Brief oder die E-Mail nur der Stellvertreter eines Gesprächs ist und nonverbale, menschliche Signale allenfalls mit Hilfe von Emoticons transportiert werden können. Während in E-Mails die Emoticons auch in der offiziellen Kommunikation Einzug gefunden haben, wären sie für die meisten Unternehmen in Briefen undenkbar.

Ihre Kunden sind zufrieden, wenn der Dialog stimmt, wenn Geschäftsbriefe Sympathie ausstrahlen – besonders bei Reklamationen. Eine große Chance für das Beschwerdemanagement!

Begeisterte Kunden binden sich gerne an einen Anbieter. Wie erwähnt, erhöht das auf lange Sicht die Rendite, weil der Beratungsaufwand effizienter ist als eine Neukundenakquisition – „man kennt sich". Fans empfehlen ihr Unternehmen per Mund-zu-Mund-Propaganda weiter: am Arbeitsplatz, im Verein, am Gartenzaun des Nachbarn oder unter Freunden bei Facebook. Hinzu kommen Twitter und Bewertungsplattformen.

Klassische Geschäftskorrespondenz

Briefversand von 1990–2010	–75 %
Twitter-Nachrichten (2012)	25.000.000.000
SMS (2012)	6.200.000.000.000
E-Mails (2012)	170.000.000.000.000

(Quellen: www.pc.de; allfacebook.de; www.thomashutter.com)

Vielfach taucht in meinen Seminaren und Projekten die Frage auf, ob nicht E-Mails, Social-Media-Dialoge und Kurznachrichtendienste den Brief längst abgelöst haben. Bleiben am Schluss nur noch Verträge oder Behörden- und Kanzleibriefe übrig?

Ganz im Gegenteil: Nutzen Sie die Aufmerksamkeitsdefensive gegenüber Briefen und agieren Sie. Je weniger der klassische Geschäftsbrief zum Einsatz kommt, desto mehr gewinnt er an Wert, und das steigert die Aufmerksamkeit. Ein Brief auf hochwertigem Papier mit geprägtem Logo, Wasserzeichen und echter Füllfeder-Unterschrift strahlt Wertigkeit und Wertschätzung aus, denn dieses Medium ist in der Informationsflut eine wohltuende Rarität.

Emotion & Effizienz: Daimler CRM

„Dynamischer kann man die Erfindung des Automobils kaum feiern: Mit dem expressiven Coupé der C-Klasse betritt Mercedes-Benz im 125. Jahr der Unternehmensgeschichte ein neues Marktsegment und bietet erstmals ein kompaktes Coupé mit klassischen Proportionen an." So der einleitende Text einer Presseinformation der Daimler AG zur neuen CLA-Klasse.

Wer solche Produktakzente setzt, muss diese auch in der Kundenkommunikation mit entsprechenden Texten unter Beweis stellen und Begriffe wie etwa „Instrumententafel" statt „Armaturenbrett" benutzen. Da die Zielgruppe des Coupés zur Multimedia-Generation zählt, es über einen Internetzugang verfügt und selbst eingehende SMS auf dem zentralen Display erscheinen, läge es nahe, dass die Kundenkommunikation für dieses Produkt ausschließlich per Internet läuft. Doch Daimler geht weiter.

Wer Informationen über die CLA-Klasse online anfordert, wird zunächst für den Versand mit seinen Adressdaten in der Datenbank erfasst. Die gewünschten Unterlagen kommen über Nacht ins Haus. Damit wäre für viele Firmen der Prozess Kundenanfrage abgeschlossen. Doch nun wird der Interessent von der CRM- und E-Business-Abteilung des Autoherstellers Wochen später mit einem hochwertigen Paket überrascht. Darin sind ein klassischer Brief, ein Fragebogen mit Antwortcouvert und ein Kundenmagazin enthalten.

Das CRM von Daimler rückt mit dem Fragebogen die Wünsche des Kunden in den Mittelpunkt und kündigt weitere Informationen an,

„... über dessen Inhalt bestimmen Sie. ... Nutzen Sie die Möglichkeit, unsere Angebote von morgen mitzugestalten. ... Unser Ziel ist es, Sie künftig so individuell wie möglich zu betreuen. Steuern können Sie dies mit Ihrer Antwort auf diesem Fragebogen." So lautet es im Brief. Damit wird dem Interessenten (und künftigen Kunden?) das Kommunikationslenkrad übergeben.

Der Autohersteller legt einen noch höheren Gang ein, denn am Ende des Fragebogens bedankt man sich für die aktive Teilnahme am Dialog in Form eines in die Infobox integrierten Kugelschreibers mit USB-Stick. Vermutlich ein kleiner Wink, diesen schon bald an Bord des eigenen CLA am serienmäßigen Doppeltuner mit USB-Anschluss zu nutzen.

Medienübergreifende Kommunikation in Perfektion. Die Presseinformation beginnt mit diesen Attributen: „Dieses Coupé soll faszinieren, seine kraftvolle Schulter wirken und die schmale C-Säule das klassische Drei-Box-Design spiegeln." Konsequenterweise überträgt das Unternehmen dieses Versprechen auch auf die Kundenwerbung.

Cross-Media-Check:
- die Aufmachung der Infobox fasziniert
- der kraftvolle Magnetverschluss ist zu spüren
- kurze Sätze springen ins Auge
- das Schreiben ist klassisch doppelt unterzeichnet (fehlt nur noch echte Füllfedertinte, wenn auch aus dem Schreibautomat)

Das Alphabet mit seinen 26 Buchstaben kann auch im Multimedia-Zeitalter in einem Brief viel bewirken – wie dieses Beispiel zeigt. Für die Hälfte aller Brieftexte bedienen wir uns aber aus einem spärlichen Fundus mit gerade mal 100 Wörtern. Darunter meist Floskeln, die auch die härteste Konkurrenz durch Unaufmerksamkeit und Gewohnheit für gewöhnlich nutzt.

In der Korrespondenz fehlt häufig jegliche Spur einer Unique Selling Proposition (USP). Während in Kampagnen – wie zuvor besprochen – viel investiert wird, sitzen nicht selten zeitgleich Sachbearbeiter in Konzernen, für die Briefe ein notwendiges Übel darstellen. Vielen fehlt das Gespür, die Variationsvielfalt unserer deutschen Schriftsprache aktiv, kundenfreundlich und imagefördernd zu nutzen.

Nachfolgend ein Beispiel für Einfallslosigkeit und Sprachohnmacht – oder ein Indiz dafür, was die Schule noch heute vergisst, ihren Schülern beizubringen.

Sehr geehrter Herr Müller,

wir freuen uns, Ihnen beiliegend die Presseinformation für eine, wie wir glauben sehr interessante Ausstellung übersenden zu dürfen. Wir wünschen Ihnen bei der Lektüre viel Spaß und würden uns sehr freuen, wenn Sie am 14. Mai persönlich Zeit finden würden an der Vernissage teilzunehmen. Die Vernissage findet statt am 14. Mai in … um 20 Uhr.

Bei Rückfragen steht Ihnen Frau Maier gerne zur Verfügung.

Mit freundlichen Grüßen
Max Mustermann

P.S.: Anbei legen wir Ihnen noch die neueste Ausgabe unseres Magazins bei, in der ein interessanter Artikel zum Thema Design veröffentlicht wurde.

Dieser Brief strotzt nur so von kommunikativer Nachlässigkeit und sicher ungewollten Redundanzen: 2 x freuen, 2 x würden, 2 x Vernissage, 2 x interessant und 2 x 14. Mai.

Abgesehen davon, dass gutes Deutsch eine „würdelose" Sprache ist, „PS" falsch abgekürzt wurde, Zeichensetzungen missachtet wurden und es stilistisch falsch ist, „anbei etwas beizulegen", wäre der Blick in ein Synonymwörterbuch reichlich belohnt worden.

Wer sich vor dem zeitintensiven Nachschlagen im Wörterbuch scheut, findet in Software integrierte Lösungen. So erscheinen zum Beispiel in der Textbausteinverwaltung PhraseExpress bereits während der Eingabe Synonymvorschläge, die mit einem Klick übernommen werden können.

Hier die sinn- und sachverwandten Wörter für „interessant":
anziehend, außergewöhnlich, hübsch, kennzeichnend, kurzweilig, nützlich, wichtig. anziehend. attraktiv, anmutig, geschmeidig, lieblich, charmant, bestrickend, berückend, aufreizend, toll (ugs.), doll (salopp), bezaubernd, betörend, dämonisch, gewinnend, sympathisch, liebenswert, angenehm, lieb; in erotisch-sexueller Hinsicht: sexy, knackig, sinnlich, lasziv; adrett, begehrt, geschmackvoll, hübsch, zugkräftig; a. sein, Rasse/Klasse sein (salopp); nicht sein, die

Grazien haben nicht an jmds. Wiege gestanden, abstoßend / hässlich sein; Anmut, Anziehungskraft, Zuneigung. außergewöhnlich. ungewöhnlich, ausgefallen, ungeläufig, außerordentlich, exzeptionell, extraordinär, groß, erstaunlich, überraschend, entwaffnend, umwerfend, bewundernswert, bewunderungswürdig, großartig, feudal, formidabel, ersten Ranges, brillant, kapital, hervorragend, überragend, himmelsstürmerisch, prometheisch, eminent, überwältigend, hinreißend, eindrucksvoll, unschätzbar, beeindruckend, beträchtlich, erklecklich, stattlich, ansehnlich, nennenswert, bedeutend, unvergleichlich, ohnegleichen, sondergleichen, einzigartig, ungleich + Komparativ (ungleich (besser]), bedeutungsvoll, bedeutsam, erheblich, grandios, imponierend, imposant, phänomenal, beachtlich, enorm, sensationell, epochal, Epoche machend, spektakulär, Aufsehen erregend, auffallend, auffällig, flippig, abenteuerlich, frappant, verblüffend, fabelhaft, sagenhaft, märchenhaft, pyramidal (ugs.); angesehen, anormal, bahnbrechend, beispiellos, bekannt, besonders, bleibend, gewaltig, groß, inhaltsreich, meisterhaft, offenbar, sehr, trefflich, unsagbar, unschlagbar, unüblich, unwahrscheinlich, wichtig; a. sein, etwas übersteigt alle Begriffe, das ist super/klasse, (auch:) Klasse/spitze, (auch:) Spitze (ugs.). hübsch, gut aussehend, attraktiv, anmutig, graziös, lieblich, charmant, bestrickend. berückend, betörend, gewinnend, angenehm, lieb, niedlich, allerliebst, reizend, entzückend, bezaubernd], herzig, goldig, schön, bildschön, bildhübsch, sauber, hold (dichter.), dufte (salopp), schnieke (salopp), anziehend, eitel, geschmackvoll, schön, sportlich, sympathisch; anziehen; Anmut, Zuneigung. die hübsche Seite, Schokoladenseite. kennzeichnend. bezeichnend. wesensgemäß. unverkennbar. spezifisch. typisch. charakteristisch. auszeichnend, charakterisierend; typisch. vorbildlich; k. sein für jmdn., das liegt in der Familie. kurzweilig. unterhaltend. unterhaltsam. abwechslungsreich, abwechslungsvoll.

Einen Brief liest man nicht nur, man fühlt und riecht sein Papier. Hört seinen Klang. Mancherlei Wort wird auf der Zunge geschmeckt, kann förmlich darauf zergehen. Andere Wörter verbreiten ihren Duft in der Nase, mal angenehm, mal derart, dass mancher Leser gern eine Wäscheklammer zur Hand hätte. Wörter sprechen unsere Sinne an, oder sie rauben sie und bringen uns dann und wann um den Verstand. Vieles, was im persönlichen Gespräch eine wesentliche Rolle zum gegenseitigen Verständnis spielt, lässt sich auch in Geschäftsbriefen realisieren.

Denken Sie an ein Restaurant, das in einem Mailing Kunden für einen Lunch umwerben will: Dem üblichen Auszug aus der Speisekarte folgt ein Angebot zum Mittagstisch. Ein „Mittagsschmaus" klänge verlockender. Statt einer Vorspeise wäre ein „Schleckerspaß" wohl treffender. Und statt einer Hauptspeise könnte der Koch mit einer „Augen- und Gaumenwonne" Freude und Fantasie bei unseren Sinnen wecken. Statt einer Nachspeise müsste jetzt noch die richtige „Nasch- und Zwitscherlust" umworben werden.

Nun lässt sich über Geschmack bekanntlich streiten. Das gilt auch für die Wortwahl, wie eine Semesterarbeit an der OTH Ostbayerische Technische Hochschule Amberg-Weiden[2] im Rahmen des Fachs „Corporate Wording" anhand von Texten für ein Caféhaus zeigt. Die Verfasserin „übersetzte" dabei einen Vorstellungstext in vier Stilrichtungen:

> **Rational:**
> **Konzentrierte Versuchung – nach italienischem Vorbild**
> Wir rösten unseren Bergbrand Kaffee selbst. Dieser besteht zu einem Anteil von 80 Prozent aus Arabicabohnen (Brasilien) und zu 20 Prozent aus Robustabohnen (Indien).
>
> Das professionelle Trommelröstverfahren und unsere FAEMA E61 holen den entscheidenden Geschmack aus jeder frisch für Sie gemahlenen Bohne – in Form von erstklassigem Espresso.
>
> Der Espresso mit seiner satten Crema dient uns als Grundlage für alle unsere italienischen Kaffeegetränke.
>
> Rossi ist nicht amerikanisch – bei uns finden Sie keine „Plastikgetränke" mit einem Sirupanteil von 50 Prozent. Ganz wie in Italien möchten wir, dass echte Aromen im Mittelpunkt stehen.
>
> **Konservativ:**
> **Hausgemachte Glücksmomente – nach italienischem Vorbild**
> Bergbrand – der Name für unsere Espressobohnen aus eigener Röstung. Durch das langsame und schonende Trommelröstverfahren und die ausgewogene Bohnenzusammensetzung wird unser Café besonders mild und magenschonend. Alles Weitere übernimmt dann unsere Siebträgermaschine von FAEMA –

2 Der Name „Ostbayerische Technische Hochschule", vorher HAW wie bereits erwähnt, wird seit 2013 aufgrund eines bestehenden Kooperationsvertrages im Verbund mit der Ostbayerische Technische Hochschule Regensburg getragen.

dem Pionier in der italienischen Espressoherstellung. Diese verwandelt die Bohnen in unseren bemerkenswerten Espresso: die Grundlage all unserer Kaffeegetränke.

Rossi ist nicht amerikanisch – bei uns gibt es keine ungesunden Kaffee-Sirup-Kreationen. Wir möchten, dass echte Aromen im Mittelpunkt stehen.

Intuitiv:
Fantasievolle Kreationen – nach italienischem Vorbild
Weit gereist sind sie, unsere Espressobohnen. Geerntet in Brasilien und Indien, geröstet in Nürnberg landen sie in unserer sensationellen Bergbrand Röstung. Ein himmelweiter Unterschied zu Supermarktkaffees. Unser impulsives Spitzenteam aus vorlauter Kaffeemühle und schillernder Siebträgermaschine bringen den kräftigen braunen Zaubertrank in eure Tasse. Ob pur, mit Milch, warm oder kalt. Unser Espresso wird nie langweilig.

Zentimeter hohe Sirup-Sahne-Schichten? Nicht bei uns im Rossi. An unseren Espresso lassen wir ausschließlich beste Vollmilch. Alles andere halten wir für Espresso-Quälerei.

Emotional:
Wohltuende Auszeit – nach italienischem Vorbild
„Wohlriechende Handarbeit", das beschreibt unsere Bergbrand Röstung am besten. Geröstet wird unser Espresso in Nürnberg – natürlich vom Chef persönlich. Die Rohbohnen hierfür kommen aus Brasilien und Indien. Das ausgewogene Verhältnis aus Arabica- und Robustabohnen und der schonende Röstvorgang machen unseren Espresso so aromatisch. Und unsere treue Siebträgermaschine aus Italien tut ihr Übriges. Ihr Herzblut, der frische Espresso, dient schließlich als Grundlage für all unsere geschmackvollen Kaffeegetränke.

Betrübt beobachten wir das ungesunde Treiben ... Kaffee, gestreckt mit H-Milch, Sirup, Soße und künstlichem Instantpulver, vergraben unter einer stattlichen Sahnehaube und pappigen Keksbröseln. Damit auch ja kein bitterer Kaffeegeschmack übrig bleibt. Rossi möchten Ihre Sinne mit echten Aromen ansprechen. Ganz unamerikanisch. (Groß, 2013)

Die Evolution vom nüchternen Geschäftsbrief zum Beziehungsbrief, in dem sein Verfasser in gleicher Präsenz neben dem Sachinhalt steht, machen sich kluge Unternehmen zunutze.

Gelegenheiten für den Einsatz von Korrespondenz gibt es genug – dabei meine ich nicht die überzogenen Werbemailings aus der Welt des Dialog-Marketings mit Rubbelfeld oder Beraterpassfoto im Briefkopf. Klassische Post als Imageträger gibt es ausreichend.

Werbliche Kundenkommunikation: Werbung, Marketing, PR:
1. Serienbriefe „Business to Consumer“
2. Serienbriefe „Business to Business“

Schriftliche Kundendialoge:
- Anfragen, Angebote, Einladungen, Nachfassbriefe, Rechnungen, Mahnungen, Briefe als Konfliktlöser etc. in Form
  a) von individuellen Kundenbriefen und E-Mails
  b) von standardisierten Kundenbriefen und E-Mails
  c) von Standard-Textbausteinen
  d) eines Mixes aus a bis c

Schreibe mir, aber in der richtigen Sprache

Bei aller sachlichen Kürze sollten Briefe und E-Mails sympathisch wirken. Eine nette Einleitung oder ein freundlicher Schlusssatz geben einem Schreiben die persönlich ansprechende Note.

Die Autoren von „Corporate Wording“, Hans-Peter Förster, Gerhard Rost und Michael Thiermeyer, zeigten bereits in ihrem Buch 2010, wie das vorangestellte „Speisekarten-Prinzip“ des Caféhauses auf die Geschäftskorrespondenz übertragen werden kann: „Wer es versteht, zwischen den Zeilen zu lesen, erkennt schnell, welcher Typus hinter welchem Kundenbrief steckt.“

Sie stellten dabei zwei Reklamationsschreiben an einen Automobilhersteller vor, die von zwei völlig verschiedenen Kundentypen verfasst wurden. Typ A, durch konservative Worte geprägt, und Typ B, der sich durch progressive, bildhafte Wörter mit leicht ironischem Unterton hervorhebt: „Im Rahmen eines CRM-Projektes wurden Kundenbriefe analysiert und daraus vier typologischen Cluster gebildet. Anschließend wurden bereits vorhandene Textbausteine vierfach „übersetzt“. Das heißt: Für jeden Typus eine Textvariante erstellt (rational, konservativ, impulsiv und emotional). Resultat: Gleich welcher Typus nun Post aus der Abteilung CRM bekommt, jeder hat das Gefühl: ‚Die sprechen genau meine Sprache, die verstehen mich.“ (Förster, Rost und Thiermeyer, 2010)

Beispiele:

Rational: *Wir haben die Ersatzlieferung besonders sorgfältig kontrolliert. Es wird nichts mehr zu beanstanden sein. Entschuldigung.*

Konservativ: *Wir haben das System sorgfältig geprüft und die Fehlerquelle behoben. Es wird mit Sicherheit jetzt einwandfrei funktionieren. Entschuldigung.*

Impulsiv: *Natürlich ist mir klar, wie problematisch die Störungen für Sie sind. Unsere Techniker lassen nichts unversucht, um den Fehler zu finden und zu beheben. Sorry.*

Emotional: *Die reklamierte Sendung ist bei uns eingegangen. Augenblicklich stellen wir Ihre Ersatzlieferung mit aller Sorgfalt zusammen. Sie wird am … an Sie abgehen. Entschuldigung.*

Die Korrespondenzqualität spiegelt die Dienstleistungsmentalität im Umgang mit dem Kunden wider. Eine neue Dienstleistungskultur kann über den Weg der emotionalisierten Briefe lebendige Realität werden, wie das vorgenannte Beispiel. Durch „typologisches“ Texten wird die Korrespondenz beim Kunden erlebbar und führt häufig zu einem positiven Echo.

Viele Unternehmen nutzen Textverarbeitung, als wären wir noch im Zeitalter der Rauchzeichen und Botengänger. Dabei liegt gerade im Reklamations-Management die große Chance, verärgerte Kunden in zufriedene Stammkunden umzuwandeln. Man schätzt, dass lediglich zwei von zehn Kunden, die guten Grund hätten, zu reklamieren, es auch tun. Die anderen machen zukünftig einen großen Bogen um das Unternehmen. Das hat einen gravierenden Nachteil: Sie werden nie die Gründe der Unzufriedenheit erfahren. Die Chance, treue Stammkunden zu gewinnen, steckt in den Reklamationen. Denn zufriedene Kunden sind die besten Multiplikatoren.

Selbstverständlich sollten die Gründe der Unzufriedenheit abgestellt werden. Mit positiver Sprache können Unternehmen dazu einen wichtigen Beitrag leisten. Was führte zur Beschwerde? Bevor Mitarbeiter schreiben, müssen sie systematisch den Ursachen auf den Grund gehen. Typische Beispiele sind: ungenau informiert, irrtümlich geliefert, falsch berechnet, Versandmängel, Zusagen nicht eingehalten, inkompetente Beratung, unfreundliches Verhalten, schlechte Erreichbarkeit, mangelnde Reaktionen auf Anfragen, unzureichende Bearbeitung einer Reklamation.

Beseitigen Sie die Anlässe, die zu Beschwerden führen, und gleichzeitig die Kosten, die durch andere Reaktionsformen unzufriedener Kunden entstehen könnten (Weg zum Rechtsanwalt, Verbraucherschutzverbände etc.).

Ein Beschwerdeführer ist meist emotional sehr aufgebracht. Hier heißt es: In der Ruhe liegt die Kraft. Denn Sie sollten das Prinzip verfolgenden, den Kunden positiv zu überraschen. Es gibt Versandhäuser, in denen das so weit geht, dass ein Käufer die Ware behalten darf, aber das Geld zurückbekommt. Grund: Ein reklamierender Kunde ist so etwas wie ein wertvoller Berater. Die Investition ist demnach eine Art Beraterhonorar.

Was reklamierende Kunden schwierig macht, sind typische Verhaltensmuster: „So habe ich das aber nie gesagt...“, „Das sehe ich überhaupt nicht ein...“, „Mit mir nicht...“. Ein Ausflug ins Alltagsleben beweist, wer mit Kunden effektiv kommuniziert, erntet langfristig den größten Erfolg. Doch mit der Geduld ist das so eine Sache. Tag für Tag wird von den Mitarbeitern Tempo, Flexibilität und blitzschnelles Reagieren gefordert. Eine wichtige Empfehlung im Umgang mit reklamierenden Kunden ist, jeden Mensch einzeln zu akzeptieren: Jeder Mensch ist einzig – aber nicht alle sind artig. Jeder hat eine unterschiedliche Sichtweise. Alle haben das verbriefte Grundrecht, anders zu denken, unterschiedlich zu fühlen.

Die Bereitschaft, Andersartiges zu akzeptieren, ist die Schlüsselkompetenz für erfolgreiches Customer-Relationship-Management. Kunden umerziehen zu wollen, bedeutet, Kräfte zu vergeuden, Zeit und Geld in den Sand zu setzen. Sie als Kunde würden das genauso wenig zulassen wollen. Kunden werden immer dann schwierig, wenn man sich ihren Zielen entgegenstellt.

Die meisten Dinge werden unüberlegt geschrieben. Daher ist es umso wichtiger auf Kundenbriefe im Allgemeinen und Beschwerdebriefe im Besonderen ausgewogen und im richtigen Stil zu antworten. Sollten Sie hier Unterstützung benötigen, hilft Ihnen die in der Fußnote erwähnte Internetseite weiter.[3] Der dort benannte Link hält Textbausteine bereit, die nach der 4-Farb-Sprachmethode nach Hans-Peter Förster „übersetzt“ wurden. Dabei stehen die verschiedenen Farben für einen kurz und nüchternen, einen sachlich, konservativen, einen aufgeschlossenen, lebhaften und schließlich für einen emotionalen, verständnisvollen Stil. (Förster, 2011) Meine Seminarteilnehmer bestätigen immer wieder: Auch wenn die eine oder andere Formulierung nicht den persönlichen Geschmack trifft, hilft die Tatsache, sich mit verschiedenen Formulierungen zu beschäftigen, da dies neue Assoziationsketten auslöst. So erklärte ein Teilnehmer einmal: „Plötzlich fällt einem ein genialer Text ein. Ganz anders, als wenn ich vor einem leeren Papier überlegt hätte, was ich schreiben soll.“

Kundenbriefe und E-Mails individualisieren durch Standardisieren

Briefe gehören zu den wichtigsten, aber auch teuersten Aufgaben der Verwaltung. Untersuchungen haben ergeben, dass 60 bis 80 Prozent der Korrespondenztexte bei Industrie und Handel gleichbleibenden Inhalts sind. Mit Einführung der Textverarbeitung in den 1980er Jahren hat man zwar erkannt, welche Möglichkeiten die Textspeicher bieten, doch sind viele Unternehmen an der Texterfassung gescheitert. Der Plan, möglichst für jedes Sachgebiet abrufbare Texte zu erarbeiten und gleichzeitig einen einheitlichen Briefstil für das gesamte Unternehmen zu prägen, hat sich damals als fast unlösbare Aufgabe erwiesen.

Für den Einsatz von Standard-Textbausteinen bieten sich heute verschiedene Hilfsmittel an:

Text-Handbuch
- Schnellbausteine, z.B. mit Word von Microsoft
- Textbausteine und Grußformel-Generator als Word Add-in von Pintexx
- Softwareübergreifende Lösungen für Windowsprogramme wie PhraseExpress von Bartels Media

3 Hilfreiche Textbausteine, die nach der 4-Farben-Sprachmethode in vier Stilrichtungen „übersetzt“ wurden, stehen Ihnen unter www.vierfarbensprache.de/textbausteine unentgeltlich zu Verfügung. Das Passwort lautet: KuKo3. Dort finden Sie die Links zu den Texten in unterschiedlichen Formaten.

- Professionelle mehrsprachige[4] Lösungen wie SDL Trados Studio in Kombination mit dem SDL Campaign Manager

Standard- und Serienmailings

In jedem Sachgebiet fallen Schriftstücke gleichen Inhalts an: Begleitbriefe zum Prospektversand, Angebote, Mahnungen, Absagen, Einladungen an Bewerber usw. Diese Texte lassen sich standardisieren. Für individuelle Einfügungen bieten sich Platzhalter an, die von der Software abgefragt werden. Damit entfällt ein großer Teil der Schreibarbeit.

Mit Hilfe von Seriendruck können unbegrenzt viele Adressaten angeschrieben werden. Jeder Brief enthält dieselbe Information, nur wenige Inhalte sind unterschiedlich. In personalisierten Serienbriefen wird der Kunde in der Anrede und meist auch im Fließtext mit seinem Namen angesprochen (Vorsicht: Weniger ist in diesem Fall mehr!). Die individuellen Informationen werden aus einer Datenquelle abgerufen. Bei Microsoft Word umfasst der Seriendruckvorgang folgende Schritte:

1. Hauptdokument einrichten.
2. Dokument mit einer Datenquelle verbinden.
3. Liste der Empfänger oder Elemente anpassen.
4. Platzhalter (Seriendruckfelder) zum Dokument hinzufügen.
5. Vorschau anzeigen und Seriendruck fertig stellen.

Textbaustein-Redaktion

Sinnvoll angewendete Textbausteine gewährleisten nach außen ein unternehmensweit einheitliches Erscheinungsbild. Die Kommunikation bleibt stets ausführlich, freundlich und rechtssicher.

Textbausteine sind einzelne Textpassagen, die in einer Datenbank erfasst und verwaltet werden. Sich häufig wiederholende Formulierungen wie Grußformel und Unterschrift, Standardkonditionen, Kurzbeschreibungen usw. werden ein einziges Mal erfasst und beliebig oft wiederverwendet. Durch Eingabe eines Codes (Ziffer, Buchstabe, Wort) oder durch Eingabe der ersten Wörter können Sie die Textbausteine abrufen und in ein Dokument einfügen. In Textbausteinen lassen sich Felder für Variablen einsetzen. Aus mehreren Textbausteinen entsteht ein Standardbrief. Templates sind Doku-

4 Mehrsprachig hier im Sinne von Fremdsprachen plus zielgruppenorientierte Kundenansprache.

mentvorlagen, die wie ein Bauplan beschreiben, aus welchen Textbausteinen sich ein Standardbrief zusammensetzt. Diese Templates können auch Felder für die Eingabe von Individualtexten enthalten.

Zum Aufbau einer Textbaustein-Datenbank sind folgende Schritte nötig:
- Textsammlung
- Textanalyse
- Standardbriefe und Textbausteine ermitteln
- Textentwürfe erstellen
- Inhalte freigeben
- Textprogrammierung: Die ausgewählten Texte werden nach Sachthemen sortiert und die Ordnungsbegriffe festgelegt, zum Beispiel: Kundenanfragen, Angebote, Lieferkonditionen etc. Dann werden die Oberbegriffe noch verfeinert.

Beispiel:
- Standardschreiben „Prospektversand“
- Textbausteine „Betreff“
- Einleitungssätze
- Schlusssätze
- Grußformel mit Unterschriftsangabe der verschiedenen Sachbearbeiter usw.
- Textcodierung: Standardbriefe und Textbausteine erhalten einen Kurzcode, unter dem sie mit einer Software aufgerufen werden können. Zum Beispiel für erste Mahnung „M1“.
- Schreibauftrag: In einem Schreibauftrag werden der Code des Standardtextes, einzufügende Textbausteine und Änderungen angegeben.

Das ganze Verfahren wirkt sehr aufwendig und schreckt deshalb viele Unternehmen ab. Es besteht außerdem die Gefahr des Wildwuchses. So sind zum Beispiel in einer Versicherung über Jahre ca. 50.000 Textbausteine angewachsen, darunter jede Menge Doubletten und sehr ähnliche Varianten. Die Mitarbeiter standen vor einem Dilemma: Mit dem Bild vom Turmbau zu Babel wurde dieses treffend im Mitarbeitermagazin dargestellt.

Im anschließenden Kapitel finden Sie innovative Lösungen rund um Textbausteine.

Nichts hören

Problemfaktor 3: Verharren im Web 1.0

Eine von der Economist Intelligence Unit durchgeführte und vom Softwareanbieter Genesys unterstützte internationale Studie aus dem Jahr 2012 belegt: Viele Führungskräfte verharren im Web 1.0. Unter dieser Headline berichtete die Zeitschrift „Absatzwirtschaft" im Juni 2012 und nennt erschreckende Daten, die Genesys unter dem Titel „Executives Unsure About Where the Buck Stops for New Customer Communication Channels" veröffentlicht hat. In der globalen Studie wurden weltweit mehr als 798 Führungskräfte befragt, darunter 125 Teilnehmer aus Europa. Aus dem Bericht „Getting Closer to the Customer" geht hervor, dass mehr als die Hälfte (58 Prozent) den CEO als Verantwortlichen sehen, wenn es um neue Kommunikationskanäle wie Social Media und Mobile geht. Lediglich 28 Prozent des mittleren Managements stimmen dieser Meinung ihrer Vorgesetzten zu. 38 Prozent der befragten mittleren Führungskräfte meinten, dass die Marketingabteilung für diese Kanäle die oberste Verantwortung hätte.

Kaum zu glauben: 43 Prozent der Unternehmen haben erst im Jahr 2011 damit begonnen, Social Media zu nutzen. Lediglich 11 Prozent der Unternehmen haben mit Social Media drei Jahre und länger Erfahrung.

Weniger als die Hälfte der Unternehmen nutzen Callcenter, um mit Kunden zu kommunizieren und nur 6 Prozent sehen Kundenbetreuung/Service als Hauptzweck der neuen Kommunikationskanäle.

Web 1.0: Nur 48 Prozent der Unternehmen nutzen Social Media und Networkingplattformen, um mit Kunden zu kommunizieren, und nur 20 Prozent verwenden mobile Anwendungen. Das Gros begnügt sich mit Homepages (90 Prozent) und E-Mails (88 Prozent).

Die stellvertretende Herausgeberin der Economist Intelligence Unit Annabel Symington äußerte sich so zu den Ergebnissen: „Die schnelle Verbreitung von Social Media und das enorme Wachstum im Mobilmarkt gehen Hand in Hand. Dennoch sehen Unternehmen Social Media als eine singuläre Kraft und scheinen noch nicht erkannt zu haben, wie sehr diese beiden Trends ineinander verzahnt sind."

„Es ist jetzt viel einfacher, in Kontakt mit den Kunden zu bleiben und einen kontinuierlichen Dialog zu pflegen“, sagte Richard Binhammer, der Direktor von Social Media und Community bei Dell. Diese engeren Beziehungen erhöhen die Kundenbindung und damit auch die Wahrscheinlichkeit eines Kaufs.

„Die Verbraucher sind nun im Besitz der Marke“, sagte Frank Eliason, Senior Vice President von Social Media bei Citi, dem internationalen Finanzkonzern. „Sie erzählen einander, was sie denken – und was sie denken, ist oft negativ.“ Unternehmen, die das nicht erkennen, werden den Preis dafür zahlen.

„Angesichts der mobilen Geräte und Social Media wie Facebook und Twitter in unserer heutigen Zeit ist es alarmierend, dass viele Unternehmen zu spät dabei sind und intern nicht eindeutig die Verantwortung für diese Kanäle zugewiesen haben“, sagte Paul Segre, Präsident und CEO von Genesys. „Wer die wachsende Zahl von sozialen und mobilen Kommunikationskanälen nicht nutzt, setzt letztlich seine Marke aufs Spiel.“

Investitionsbremsen und IT-Fehlinvestition

Nach meiner Erfahrung hat das Hinterherhinken in der Kundenkommunikation eine weitere Ursache, die in der Studie nicht erwähnt wird: die IT-Bremse. Sie wird durch Investitionsbremsen verursacht, die mir in meiner beruflichen Praxis immer wieder begegnen und die ich in den folgenden Beispielen verdeutlichen möchte. So wartet etwa ein Top-Entscheider aus einem Energieversorgungsunternehmen seit Jahren auf die Umstellung von der Microsoft-Office-Version 2003 auf 2010, was er unter anderem auf die fehlende Flexibilität, Kosteneinsparungen und die Uneinigkeit der IT-Verantwortlichen zurückführt. Inzwischen müsste man bereits über eine Umstellung auf Office 365 nachdenken. Eine Investition in aktuelle Software wäre auf jeden Fall längst überfällig.

Aussagen wie „Die kommen aber nicht zu Potte, weil die IT die Implementierung der aktuellen Standardsoftware nicht gebacken bekommt“ höre ich immer wieder. In einem anderen Fall möchte eine Versicherung zwar seit Jahren ihre Kundenkommunikation optimieren, doch es fehlt allein an der Umsetzung. Und schließlich berichtete mit einer meiner Technologiepartner vor Kurzem von einem Unternehmen, das vor fünf Jahren eine Softwarelizenz für Textanalysen zum Einsatz an 60 PCs bestellt hatte. Erst jetzt, nachdem das Programm nach Jahren installiert wurde, fiel der IT-Abteilung auf, dass der Lizenzschlüssel noch fehlt, und rief den Service meines Partners an. Hier hakt es an der Umsetzung und stellt letztendlich eine eklatante Fehlinvestition dar.

Konversion statt Bremse

Über das Problem der geschilderten „IT-Bremsen" hinaus, stellt sich die Frage: Werden Unternehmen endgültig realisieren, wie marginale Verbesserungen der digitalen Leistung zu spürbaren Ergebnissen führen können? Dieser und anderer Fragen ging der Softwarehersteller Adobe in der „Digital Marketing Optimization-Umfrage 2013" nach, die der Senior Group Manager Enterprise Marketing von Adobe, Andreas Helios, in einem Bericht unter dem Titel „Wichtige Erkenntnisse und strategische Chancen für das kommende Jahr" auswertete.

Das ernüchternde Ergebnis gleich vorweg: Der Wendepunkt wurde immer noch nicht erreicht. Dies, obwohl die Befragten zur allgemeinen Schlussfolgerung kommen, dass diejenigen Unternehmen, die Investitionen in diesem Bereich vornehmen, einen Wettbewerbsvorteil genießen. So ließen sich laut Adobe mit einfachen Maßnahmen zum Beispiel folgende Ergebnisse erzielen:

- Seitenaufrufe lassen sich durch Suchmaschinenoptimierung erhöhen.
- Nutzer einer Suchmaschine lassen sich in Besucher einer Homepage konvertieren.
- Besucher einer Webseite lassen sich als Interessent z.B. für ein Whitepaper-Download gewinnen.
- Homepagebesucher können zu einer Kontaktanfrage motiviert werden.
- Kaufinteressenten lassen sich zum Beispiel in einem Onlineshop zum Käufer umwandeln.
- Homepagebesucher kann man zu einer Newsletter-Registrierung oder Angebotsanfrage bewegen.

Sämtliche genannten Ergebnisse zielen auf eines ab: die Rede ist von der „Konversion". Das ist im Idealfall die Umwandlung von einem Interessenten in einen Stammkunden. Die Optimierung der Konversion müsste eigentlich längst „das Thema des Jahres" sein, denn schon ein leichter Anstieg der Konversionsrate kann für Unternehmen zusätzliche Erlöse im Millionenbereich bedeuten.

Das Thema betrifft nicht nur das Onlinemarketing, sondern auch das klassische Marketing. Auch dort bietet sich genug Potential an, wie zum Beispiel das Optimieren einer Coupon-Anzeige, damit der

Interessent Informationen anfordert, die Teilnahme an einem Rätsel oder das Bestellen eines Kataloges nach einem Mailing. Je besser diese Wege der Kundenkommunikation optimiert werden, desto mehr generiert das Unternehmen neue Kundenadressen.

Und genau um diese Konversionsmöglichkeiten geht es in der genannten Adobe-Umfrage: Weltweit haben sich mehr als 1.800 Marketing-Fachleute aus Nordamerika, Europa und Asien an der Umfrage beteiligt. Die Studie, die sich insbesondere auf den BtoC- und BtoB-Handel konzentriert, untersucht vier Schlüsselbereiche:

- Mobilbereich
- Social Media
- Personalisierung
- Kundenerlebnis

Da diese Schlüsselbereiche eng mit der Kundenkommunikation 3.0 zusammenhängen, stelle ich Ihnen hier die wichtigsten Ergebnisse vor.

Aus der Abbildung 4 auf Seite 106 geht hervor, dass die meisten der befragten Unternehmen weniger als 5 Prozent ihres gesamten Marketingbudgets für Maßnahmen zur Optimierung ihrer Konversionsrate (einschließlich Agenturhonoraren, professioneller Dienste und Technologie) verwenden.

Tatsächlich hat sich die Anzahl der Unternehmen im niedrigsten Ausgabensegment (5 Prozent oder weniger) auf 53 Prozent erhöht, im Vergleich zu 48 Prozent der Befragten aus dem Vorjahr. Einschließlich der 53 Prozent, die weniger als 5 Prozent aufwenden, verwenden 86 Prozent der befragten Unternehmen einen Anteil von höchstens 15 Prozent ihres Marketingbudgets für Maßnahmen zur Optimierung.

Am anderen Ende des Spektrums wenden lediglich 3 Prozent der Befragten mehr als die Hälfte ihres Marketingbudgets für Maßnahmen zum Optimieren auf. Da Marketingbudgets bevorzugt in medienintensive Aktivitäten fließen, die bei der Erstansprache ansetzen, ist es kaum verwunderlich, dass die Konversionsraten bei vielen Unternehmen so niedrig liegen.

Alarmierend wurde auch festgestellt, dass die durchschnittlichen Konversionsraten auf Webseiten für 35 Prozent der Unternehmen unter einem Prozent liegen (Abbildung 5).

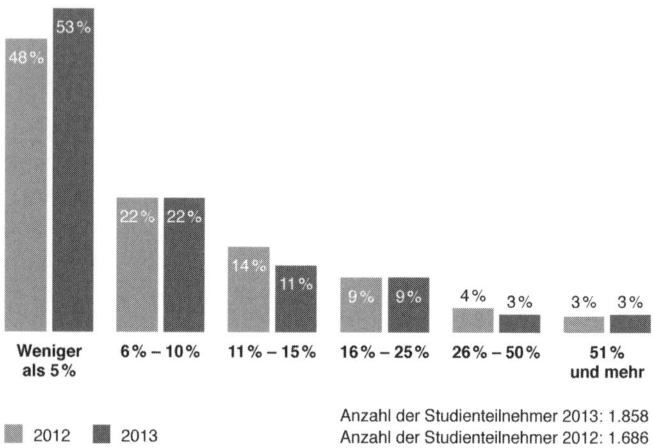

Abbildung 4: Welcher Anteil Ihres gesamten Marketingbudgets fließt in Maßnahmen zur Optimierung der eigenen Konversionsrate (einschließlich Agenturhonoraren, professioneller Dienste, Technologie) Summen über 100 % können durch Rundungsfehler entstehen. (Quelle: Adobe Systems GmbH)

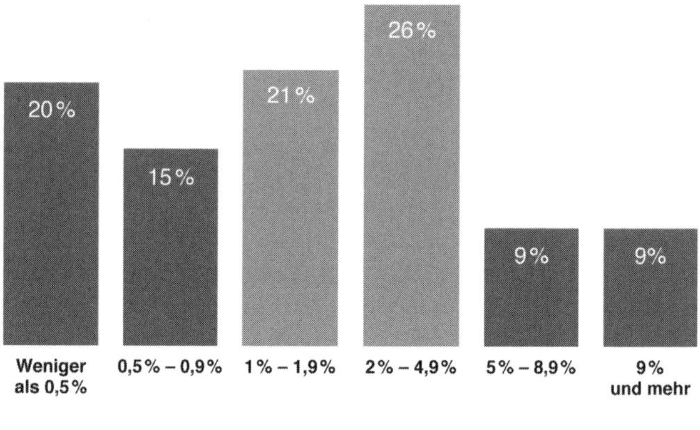

Abbildung 5: Wie hoch ist Ihre durchschnittliche Konversionsrate auf Webseiten? (Quelle: Adobe Systems GmbH)

Die Ergebnisse in der Tabelle zeigen jedoch, dass Unternehmen mit höheren Optimierungsausgaben stärker profitieren. Die Wahrscheinlichkeit besserer Konversionsraten ist bei Unternehmen, die mehr als ein Viertel ihres Marketingbudgets für Webseiten investieren, zweimal Mal höher.

	Bis zu 25 Prozent	Mehr als 25 Prozent
Weniger als 0,5 %	21 %	7 %
0,5 % – 0,9 %	16 %	10 %
1 % – 1,9 %	21 %	16 %
2 % – 4,9 %	26 %	28 %
5 % – 8,9 %	8 %	18 %
9 % und mehr	8 %	21 %

Tabelle 2: Durchschnittliche Konversionsraten auf Webseiten und Anteil des Marketingbudgets, der für Optimierung verwendet wird (Adobe Systems GmbH)

Die Ergebnisse zeigen deutlich, dass nur 16 Prozent der Unternehmen, die bis zu 25 Prozent ihres Marketingbudgets für die Optimierung verwenden, durchschnittliche Konversionsraten auf Webseiten von 5 Prozent und mehr erreichen. Dagegen erhöhen sich die Erfolgszahlen (39 Prozent), wenn die Unternehmen mehr als ein Viertel ihres Marketingbudgets hier einfließen lassen.

Wodurch werden Investitionen in Optimierungsmaßnahmen verhindert? Zum einen sollte nicht nur auf die bestmögliche Technologie, sondern auch die richtigen Prozesse geachtet werden. Zum anderen kommt es insbesondere darauf an, Anreize für die Personen mit den richtigen Fähigkeiten zu schaffen, um die digitale Leistung zu verbessern. Unternehmen sollten eine Kultur des Testens und umfassender Analysen mit präzisem Fokus auf der Messung schrittweise erfolgender Verbesserungen etablieren, um weitere Investitionen in Ressourcen und Technologien zu rechtfertigen.

Positiv zu vermerken ist, dass die Benutzerfreundlichkeit von Technologie und Tools zur Leistungsoptimierung für das digitale Marketing steigt. So können schnellere Erfolge durch Variationen von Bildern, Layouts etc. mit Handlungsaufforderungen an mehrere Testgruppen (Multivarianz-, A/B- bzw. Split-Run-Tests) ermöglicht werden.

Marketing-Fachleute versuchen zudem nach und nach die Echtzeit-Verhaltensdaten sowie vorhandene Kundendaten zu nutzen, um die Segmentierung der Webseitenbesucher zu verbessern. So können Inhalte den richtigen Besuchern zur richtigen Zeit gezielt die richtigen Inhalte präsentiert werden.

Konversionsraten optimieren

Das Optimieren von Konversionsraten war nicht immer einfach: Es ist umständlich, möglicherweise monoton, erfordert zahlreiche Wiederholungen und kann zu Konflikten im Unternehmen führen. Selten wird jedoch erkannt, dass sich diese Bemühungen lohnen können, wenn sie priorisiert und strategisch behandelt werden.

Auch wenn jedes Optimierungsprogramm im Kern aus den zuvor beschriebenen Tests besteht, veranschaulicht Tabelle 3, dass 49 Prozent der Adobe-Umfrageteilnehmer solche Tests nicht als Priorität in ihrem Unternehmen ansehen. Lediglich 11 Prozent der Befragten gaben an, dass Tests unternehmensweit als Form der Entscheidungsfindung eingeführt wurden (ein Anstieg um einen Prozentpunkt im Vergleich zur Vorjahresstudie). Auch wenn sich so nach wie vor ein trostloses Bild ergibt, lohnt es sich festzuhalten, dass dem Marketing zunehmend eine führende Rolle zukommt. 16 Prozent der Befragten gaben an, dass Marketingabteilungen Tests als Form der Entscheidungsfindung eingeführt haben.

	2012: 1.686 Studienteilnehmer	2013 : 1.858 Studienteilnehmer
Tests haben für mein Unternehmen noch keine Priorität.	52 %	49 %
Die Marketingabteilung hat Tests als Form der Entscheidungsfindung eingeführt.	13 %	16 %
Mein Team hat Tests als Form der Entscheidungsfindung eingeführt.	12 %	12 %
Mein Unternehmen hat Tests als Form der Entscheidungsfindung für alle Bereiche eingeführt.	10 %	11 %
Ich habe Tests als Form der Entscheidungshilfe eingeführt.	14 %	11 %

Tabelle 3: Wie würden Sie das aktuelle Testkonzept Ihres Unternehmens beschreiben? (Quelle: Adobe Systems GmbH)

Mehr als die Hälfte (53 Prozent) der Studienteilnehmer beschreibt ihre Testverfahren als manuell. 9 Prozent geben an, dass sie weder Tests durchführen noch Testverfahren umgesetzt haben.

Lediglich 12 Prozent derjenigen, die nicht über ein Testverfahren verfügen oder keine Tests ausführen, weisen Konversionsraten auf Webseiten von 5 Prozent und höher auf.

Die Ergebnisse verdeutlichen, dass die durchschnittlichen Konversionsraten bei den 59 Prozent der Unternehmen, die nicht in Testverfahren investieren oder nicht über einen strategischen, strukturierten Prozess verfügen, unter einem Prozent liegen (Tabelle 4).

Durchschnittliche Konversionsraten auf Webseiten	So beschrieben Unternehmen ihre primären Testverfahren	
	Es gibt kein Verfahren, bzw. es werden keine Tests durchgeführt.	Verschiedene Abteilungen sind an Testverfahren beteiligt.
Weniger als 1 %	59 %	20 %
1 % – 4,5 %	29 %	47 %
Mehr als 5 %	12 %	33 %

Tabelle 4: Zusammenhang der Durchführung von Testkonzepten und Konversionsrate (Quelle: Adobe Adobe Systems GmbH)

Doch was sind die Haupthindernisse bei der Einführung bzw. Verbesserung von Testverfahren? Die Umfrage zeigt, dass bezüglich der Durchführung von Tests das Budget und die Ressourcenverfügbarkeit weiterhin zu den größten Herausforderungen gehören. Fast die Hälfte der Experten für digitales Marketing (45 Prozent bzw. 42 Prozent) gaben an, dass diese Bereiche „sehr schwierig“ sind. Als dritter Bereich wird Know-how zur effektiven Testmethode von 82 Prozent der Befragten als Herausforderung für ihr Unternehmen angegeben.

	Sehr erschwerend	Einigermaßen erschwerend	Überhaupt nicht erschwerend
Budget	45 %	41 %	14 %
Ressourcenverfügbarkeit (kreativ, technisch)	42 %	45 %	13 %
Know-how zu effektiven Testverfahren	37 %	45 %	17 %
Testverfahren nicht skalierbar/ handhabbar	33 %	47 %	19 %
Ermittlung der Bedeutung von Testergebnissen	31 %	48 %	20 %

Tabelle 5: In welchem Maße wirken sich die folgenden Faktoren erschwerend auf Testverfahren aus? (Quelle: Adobe Systems GmbH)

Angst vor Veränderungen

Kundenkommunikation 3.0 erfordert die Bereitschaft zum Umdenken und vergangenes Verhalten in Frage zu stellen. Da einschneidende Veränderungen anstehen und für viele Mitarbeiter Veränderungen am Arbeitsplatz „rote Tücher" sind, ist ein klug angelegter Change-Prozess nötig.

Zwei von drei Change-Projekten scheitern, weil sich Mitarbeiter gegen Veränderungen stellen (Vestergaard, 2013). Man schätzt, dass in Deutschland weit über die Hälfte der Projektkosten im Sand versinken, da die Projekte nicht zu Ende geführt werden. Dies liegt hauptsächlich daran, dass Mitarbeiter nicht in die Change-Prozesse mit einbezogen und nur unzureichend informiert werden. Halten sie dagegen eine Veränderung für sinnvoll, stehen sie auch dafür ein.

Eine Studie der Unternehmensberatung McKinsey aus dem Jahr 2010 kam zu dem Schluss, dass die Erfolgsrate von Change-Projekten auf erstaunliche 79 Prozent steigt, wenn die Mitarbeiter mit Kundenkontakt von den notwendigen Veränderungen überzeugt sind, sich als Teil davon verstehen und das Umsetzen selbst vorantreiben.

Change-Prozesse sind anfangs bei einigen Betroffenen mit Ängsten verbunden. Die vier Grundformen der Angst (Riemann, 2009) sollte man für Change-Prozesse konstruktiv nutzen:

Grundformen	Schizoide	Zwanghafte	Hysterische	Depressive
positive Eigenschaft	sachlich	zielstrebig	unternehmenslustig	einfühlend
Streben nach	• Selbst-Ich • Distanz • Du-Angst • Unabhängigkeit	• Sicherheit • Dauer • Gewohnheit • Vertrautem	• Wandlung • Risiko • Neuem • ewiger Jugend	• Zugehörigkeit • Nahkontakt • Sehnsucht • gebraucht werden
Agressiv in Form von	• Schroffheit • Zynismus • Haarspalterei	• zaudern • zweifeln • Starrsinn • Eigensinn	• relativierend • bagatellisierend • unberechenbarem Verhalten	• erleidend • Selbstmitleid • Dulderrolle
Angst vor	• Abhängigkeit • Ich-Verlust • Selbsthingabe etc.	• Wandlung • Vergänglichkeit • Unsicherheit etc.	• Unfreiheit, • Endgültigkeit • Notwendigkeit etc.	• Isolierung • Selbstwerdung • Verlust etc.

Tabelle 6: Vier Grundformen der Angst (Quelle: Riemann, 2009)

Diese Grundformen der Angst sind mit typischen Zielen von Menschen verknüpft. Mit der richtigen argumentativen Wortwahl kann man in einem Change-Prozess das Streben nach typischen Zielen verwenden, um damit typgerecht Mitarbeiter zu erreichen und Teams zu bilden. Im Kapitel „Lösung 3“ finden Sie Vorschläge, wie Sie die Grundformen der Angst in positive Argumente und Energie wandeln können und damit bei Mitarbeitern und Vorgesetzten konstruktiv Vorbehalte abbauen.

Lösung 3:
Ängste nehmen, in die Zukunft gehen

Es ist nicht gut, dass der Mensch alleine sei und besonders nicht, dass er alleine arbeite; vielmehr bedarf er der Teilnahme und Anregung, wenn etwas gelingen soll.

Johann Wolfgang Goethe

Keine Angst vor Veränderungen

Im Mittelpunkt des Customer Translation Managements (CTM) stehen die Menschen – Mitarbeiter und Kunden. Es geht vordergründig weder um neue Systeme, Programme und Prozesse, noch um Kundendatenbanken und Wissensmanagementsysteme, sondern, um die Summe all dieser Dinge, welche die Kundenkommunikation erleichtern. Prozesse und Systeme sind dabei Werkzeuge, die Mitarbeiter unterstützen.

Vor Prozessen und Systemen stehen traditionelle Tugenden, wie etwa ehrliches und zuverlässiges Handeln. Aber auch Impulsives, wie ungeschminktes Querdenken, das Mitteilen von Bedürfnissen, die Fähigkeit mitzufühlen usw., sowie der gesunde Verstand sind gefragt: Dadurch soll das Bewusstsein für das Handeln im Unternehmen gefördert, erfrischende Dialoge gelenkt und Emotionales geweckt werden. Warum nicht Visionen inszenieren und charmant provozieren?

Mitarbeiter mit diesem Charisma genießen Ansehen. Unternehmen, die authentische Identität ausstrahlen, erzeugen ein positives Image. CTM schärft die Identität des Unternehmens, indem Mitarbeiter sagen und schreiben, wer sie sind und was sie tun, sowie informieren, wie sie agieren und was die Leistungen des Unternehmen unvergleichlich macht – das wirkt weitreichend.

Mit Kunden in einen Dialog zu kommen ist der Kern der CTM-Strategie. Mit der geeigneten Software können Kundenwünsche künftig noch schneller und besser realisiert werden. Die Fragen der Kunden lassen sich so kunden- und unternehmensgerecht optimal beantworten. Auf diese Weise erhöht sich die Lebensfreude der Kunden ebenso wie die Arbeitsfreude der Mitarbeiter.

Idealerweise ist CTM eingebettet in die Unternehmensstrategie und das priorisierte Thema, das sich über den gesamten Kundenprozess im Unternehmen erstreckt. Also betrifft es auch jeden einzelnen Mitarbeiter. Besonders diejenigen, die Kontakt mit Kunden oder kundenrelevanten Prozessen haben. Aber auch Verwaltung, Entwicklung und Facilitymanagement – alle sollten durch die Brille des Kunden schauen.

Legen Sie die Ziele des Veränderungsprozesses in der Kundenkommunikation fest und entwickeln Sie Maßnahmen, um diese zu erreichen. Mobilisieren Sie Ihre Mitarbeiter durch eine transparente Kommunikation Ihres Vorhabens. Nur so schaffen Sie Bereitschaft zum Wandel. Führen Sie die kleinsten Schritte mit der größten Wirkung zuerst durch. Stellen sich für Mitarbeiter sofort sichtbare positive Ergebnisse ein, sind sie auch für umfangreichere Folgeprojekte offen. Wenn Mitarbeiter Zusammenhänge verstehen, eine eigene, positive Überzeugung aufbauen und die Motivation zum Handeln in der eigenen Abteilung entwickeln, tragen sie den Change-Prozess durchs ganze Unternehmen.

Customer Translation Change

Konzeptionieren durch Planung	Motivieren durch Dialoge	Realisieren durch Tun	Begeistern durch Verankern
rational	emotional	pragmatisch	intuitiv
• Ziele festlegen • Maßnahmen erarbeiten	• Ziele und Maßnahmen kommunizieren • Themenfelder definieren • Selbstverantwortliche Teams bilden	• Kleinste Schritte mit größter Wirkung umsetzen • Komplexere Projekte ankoppeln	• Kurz- und langfristige Erfolge spontan „feiern" • Motivation zum Umdenken stärken und langfristig sichern

Tabelle 7: Die vier Phasen auf dem Weg zur Kundenkommunikation 3.0 (Quelle: Förster & Förster Archiv)

Die neue Strategie für Ihre Kundenkommunikation, die Sie in diesem Buch kennenlernen, wirkt nur dann, wenn sie von den Mitarbeitern gelebt und unterstützt wird.

	Schizoide	Zwanghafte	Hysterische	Depressive
Streben nach	• Selbst-Ich • Distanz • Du-Angst • Unabhängigkeit	• Sicherheit • Dauer • Gewohnheit • Vertrautem	• Wandlung • Risiko • Neuem • ewiger Jugend	• Zugehörigkeit • Nahkontakt • Sehnsucht • gebraucht werden
Beispiele: Unterschiedliche Ansprachen (Motivation), sich für den Change-Prozess zu engagieren	Das Ziel ist klar: sich für den Kunden einsetzen, aber eigenständig am besten vom Schreibtisch aus. Aufgabe: Kundenbriefe analysieren und optimieren.	Bekommt im Rahmen des Projekts eine besondere, verantwortungsvolle Funktion. Aufgaben: Recherche nach Bewährtem, das man beibehalten sollte und Projekt-Controlling.	• Kreativ, • Engagiert das Projektteam. unterstützen, • Bewegung ins Projekt bringen und auf neuen Wegen am Leben erhalten. Aufgabe: lokal, regional oder bundesweit Touchpoints aufspüren – mit Power, Hartnäckigkeit und Spaß!	• Teil des Teams • Nimmt an regelmäßigen Treffen teil. • Fungiert als Projekt-Botschafter. • Holt andere mit ins Boot. Mitmachen ist ganz einfach. Aufgabe: Du wirst gebraucht für Kunden-Interviews, emotionale Textbausteine gestalten etc.

Tabelle 8: Einteilung von Mitarbeitern nach Motivationslagen im Change-Prozess (Quelle: Förster & Förster Archiv)

Unabhängig von anderen Strategien ist eine stetige Präsenz von Aufmerksamkeit und Veränderungsbereitschaft notwendig, um Organisationen und Abläufe den sich ständig wandelnden Voraussetzungen anzupassen. Produkte müssen, wie die interne Kommunikation und deren Prozesse, den Bedürfnissen von Kunden gerecht werden.

Ein bewährter Ansatz ist folgender: Selbstverantwortliche Gestaltung von Arbeitsfeldern durch Teams und nicht wie in der Vergangenheit durch Fremdbestimmung. Auch auf unteren Ebenen ist ökonomisches Denken und Eigenverantwortung wichtig. „Nur wenn bei Mitarbeitern ein positives Verhältnis zu neuen Technologien, Prozessen und Anwendungen aufgebaut wird, können deren Potentiale ausreichend aktiviert und die gewünschten Nutzeneffekte auch tatsächlich erzielt werden", so Werner Stangner, Exagon-Geschäftsführer und ausgebildeter Change-Manager.

Nutzen Sie all diese Erkenntnisse und das Wissen um die Grundformen der Angst, die im Kapitel „Problemfaktor 3" besprochen wurden. Diese Grundformen lassen sich in positive Ziele wandeln, wie die in Tabelle 8 berücksichtigen Motivationslagen und daraus abgeleiteten Aufgaben für die Mitarbeiter zeigen.

Erfolgreiche CTM-Projektteams

Gelingt es die Mitarbeiter wie in Tabelle 8 zuvor dargestellt zu motivieren, werden sich die Mitglieder für die Arbeit und die Ziele des Teams verantwortlich fühlen. Sie vollbringen außerordentliche Leistungen unter erschwerten Bedingungen, sie reden offen über Probleme und bewältigen diese. Sie verbinden die Fähigkeiten der Einzelnen zu einer Gesamtleistung.

Teamarbeit ist vielfach zur Floskel verkommen. Führungskräfte sprechen von ihren Teams, auch wenn von Teamarbeit keine Spur ist. Umgekehrt kann der Wunsch nach Teamarbeit ein Zeichen dafür sein, dass Arbeit abgeschoben werden soll oder die direkte Verantwortung für Aufgaben gescheut wird.

Das Wort „Team" wird in Unternehmen inflationär gebraucht und mit allen möglichen Attributen und Vornamen versehen: Projektteam, Produktionsteam, Fertigungsteam, Steuerungsteam, Leitungsteam und so weiter. Unterschiedlichste Erwartungen und Vorstellungen werden mit einem Team verbunden. Und jetzt auch noch ein CTM-Team?

Engagierte Mitarbeiter

Die wichtigsten Grundregeln der Teambildung vorab:

- Für sich allein genommen ist der Mensch unvollkommen!
- Die Chemie der Arbeitsbeziehungen von Spezialisten in leistungsverdichteten Gefügen ist sozial empfindlich.

Für mich ist es immer wieder beeindruckend, welch hohe Leistung Teams in Workshops erbringen. Vor allem dann, wenn es darum geht, Kern-, Fach- und Produktkompetenzen gemeinsam zu definieren. Am Ende sind sich die Teilnehmer einig: Diese Ergebnisse hätte der Einzelne nie erbringen können.

Freiraum ist das offene Geheimnis, das Fundament eines erfolgreichen Teams. Teamarbeit rund um die Kundenkommunikation setzt Energien frei, die in den Mitarbeitern schlummern! Der Grund ist einleuchtend: Die verschiedenen fachlichen und sozialen Kompetenzen in der Gruppe ergänzen sich und werden im Gruppenprozess aktiviert. Da jeder selbst Kunde im Privatleben ist, kann er sich in die Rolle eines Kunden leicht hineinversetzen und aus seinen eigenen misslichen Erfahrungen Verbesserungsvorschläge einbringen.

Lohnende Investition: Teamentwicklung

Teamarbeit sorgt für stark veränderte Verhaltensweisen:

- Gespräch: Dialog statt Monolog
- Erfolg: gemeinsam mit anderen, nicht auf Kosten anderer
- Neugierde: Ungewohntes anstelle von Monotonie

Erfolgreiche Kommunikation und „Führen durch Persönlichkeit" sind die Schlüssel der Teamentwicklung. Neue Ideen und Konzepte in der Kommunikationsarbeit, Lösungen für verzweigte Aufgabenstellungen im Customer-Mail-Center oder am Point-of-Sales sind in Projektteams möglich. Kompromisse, die im Team befriedigend diskutiert und beschlossen wurden, haben eine gute Durchsetzungskraft in anderen Bereichen. Unternehmen sind Organisationseinheiten, die aus Gruppen, Abteilungen und Solisten bestehen. Zusammenarbeit entsteht dort, wo sie dringend notwendig ist, verordnet wird oder persönliche Beziehungswünsche eine Rolle spielen.

Schlechte Belohnungssysteme stehen der Teambildung entgegen. Belohnt wird immer noch die Einzelleistung. Konventionelle hierarchische Systeme haben für Teams weder Raum noch Verständnis. Ein lebendiges Team benötigt ein hohes Maß an Eigenständigkeit, Selbstorganisation und Handlungsspielraum. Laufende Eingriffe, misstrauische Kontrollen oder nur scheinbare Mitsprache rauben dem Team die Existenzgrundlage. Gut funktionierende Teams haben ein ausgeprägtes und sehr differenziertes Belohnungssystem. Neben der persönlichen Selbstbelohnung der Mitglieder – zum Beispiel durch Freude an der Arbeit, am Zusammensein oder dem Gefühl, dazu zu gehören – entwickeln Teams nichtmaterielle Belohnungsformen: Zuwendung und Wertschätzung.

Dagegen begrenzt Geringschätzung die Energie und das Belohnungssystem des Teams! Dies erfordert ein Umdenken im Verhalten und im Umgang mit Macht: Ein hohes Maß an Geduld, Risikobereitschaft, Vertrauen in die Mitarbeiter und Gruppen, die sich selbst regulieren. Ist nicht gerade das die herausfordernde Chance, auf neue Art Einfluss und Ansehen für alle Beteiligten zu gewinnen?

Hand in Hand

Bislang wurde am Ende einer Teilaufgabe dem Nachfolger einfach die Stafette über den Zaun geworfen. „Wer ist zuständig?" oder „Wer ist schuld?" sind Folgen messerscharfer Abgrenzung. Die Kernfrage „Was ist in der Kundenkommunikation zu tun?" dreht hierarchischen Lenkungen und Gewohnheiten den Rücken. Genau an dieser heißen Nahtstelle setzt Teamorganisation in einem CTM-Projekt an.

Das Erbringen einer Leistung beruht auf laufenden, wechselseitigen Interaktionen des Teams. Dessen Mitglieder arbeiten vom Anfang bis zum Ende Hand in Hand zusammen. Das CTM-Team befindet sich in einem fortwährenden Austausch, informiert, diskutiert, legt fest, hilft sich gegenseitig. Phasen und Abschnitte verschwimmen durch Überlappungen; Teilaufgaben werden parallel in Angriff genommen, auch wenn sie in der Logik aufeinander zu folgen hätten.

Ein völlig normaler Ablauf: Die IT startet mit der Konstruktion von Textbaustein-Gerüsten, während das Team bereits die redaktionellen Inhalte erstellt. Standardbriefe werden selektiert und definiert, auch wenn das Manual noch nicht greifbar ist. Dies erfordert eine durchgängige, transparente Planung und eine umfassende gegenseitige Vernetzung. Viele Sichtweisen, Möglichkeiten und Optionen sind parallel zu berücksichtigen.

Ein rollierender Planungsprozess ermöglicht, jederzeit auf aktuelle Gegebenheiten und laufende Wechselwirkungen eingehen zu können. Die Übergabe an Schnittstellen geschieht durch Kontinuität mit fließenden Strukturen zwischen den Phasen.

Die Voraussetzung: direkter Austausch und dichte Kommunikation über Problemursachen, Absichten und Befürchtungen sowie ein Mitdenken für den anderen und die Bereitschaft, eine Entscheidung als Folge von Erkenntnissen anderer zu überprüfen und zu korrigieren. Sorgen Sie dafür, dass dieser Prozess bis zur letzten Phase anhält.

Flexibilität
Teamorganisation erfordert für die flexible Zuordnung von Aufgaben und Arbeitsteilung verflochtene Regeln zur Koordination. Dabei müssen die Strukturen für jeden Einzelnen durch- und überschaubar sein. In diesem Dilemma liegt der offensichtliche Nachteil: Die Rollen der Führungskräfte und Mitarbeiter in der Regelorganisation sind einfach, klar und relativ konstant. In klassischen Projekten wirken die beruflichen Positionen und ihre Unterschiede (z.B. in Weisungsbefugnis und Machtfülle) hinein. Sie lassen deutlich erkennen, wer wem unterstellt und wer wofür verantwortlich ist. So wird das Verhalten Einzelner in einer Arbeitsgruppe dirigiert.

Wann ist ein Team ein Team?

Dem Team gehört die Zukunft, nicht dem Solisten. Sobald es um diffuse Problemstellungen, komplexe Planungsaufgaben, komplizierte Entscheidungen geht – kurz: um erschwertes Verstehen und Darstellen –, gewinnen Sie mit Teamarbeit etliche Vorteile.

Arbeitsgruppe
Von einer Arbeitsgruppe spricht man, wenn Mitarbeitende in einer Organisation durch Bürogemeinschaften und Infrastruktur miteinander verbunden sind. Im Vergleich: Ein Team erbringt neben den persönlichen zugeteilten Aufgaben der Einzelnen eine gemeinsame Leistung.

Wenn nach- oder nebeneinander und im Ablauf unabhängig voneinander Aufgaben erfüllt werden sollen, reicht eine Arbeitsgruppe.

So zum Beispiel, wenn drei Kollegen aus der Buchhaltung unabhängig voneinander verschiedene Standardbriefe optimieren, um die Ergebnisse dann in Form einer Gruppenarbeit zusammenzutragen und im Intranet zu veröffentlichen.

Team
Teamarbeit ist dort sinnvoll, wo eine direkte Zusammenarbeit bei der Erstellung von Leistungen erforderlich ist: bei einer Problemlösung, bei der man aufgabenübergreifend oder fachlich interdis-

ziplinär aufeinander angewiesen ist. Das sind Arbeitsprozesse, die keiner alleine erledigen kann.

Beispiel für Teamarbeit
Drei Kolleginnen aus der Presseabteilung haben die Idee, eine CTM Sonderpublikation „Faszination Kunde" als Beilage zusammen mit der Mitarbeiterzeitschrift herauszugeben. Neben Interviews, Fotos, Statements und Berichten sind Titel und Heft zu gestalten.

Die Vorteile eines Teams
Mitarbeiter tragen ihr Teilwissen zusammen und erreichen gemeinsam einen höheren Wissensstand. Dies hilft, komplexe Aufgabe besser zu bewältigen. Das Team bietet einen Raum für kontinuierliche persönliche Weiterbildung. Weitere Vorteile sind:

- Sie identifizieren sich mit den Aufgaben einer Organisation, wenn sie die verschiedenen Teilaspekte erkennen und über Inhalt und Ausführung mitentscheiden können.
- So werden sie zu „Eigentümern" ihrer gemeinschaftlichen Arbeit.
- Alle erwerben einen vergleichbaren Informationsstand im Hinblick auf Probleme und Möglichkeiten der jeweiligen Organisation. Das Informationsgefälle, Ursache vieler Zerwürfnisse, wird reduziert.
- Sie lernen, Status- und Kompetenzunterschiede untereinander und zu Leitungspersonen zu erkennen und anzusprechen. Kommunikation wird freier und kreativer.
- Alle verwirklichen ihre Wünsche nach Anerkennung (und Kontrolle ihrer Arbeit durch das Team).

Die Merkmale eines Teams
Teams bestehen in der Regel aus drei bis ca. zwölf Mitgliedern, die innerhalb einer Organisation unter gleichen Gesamtzielen kontinuierlich, in definierten Grenzen, sich selber steuern (müssen). So werden die menschlichen Ressourcen besser genutzt, als wenn Mitarbeiter nur additiv, also neben- oder nacheinander, Arbeiten verrichteten:

- Das Ziel bestimmt die Auswahl der Mitarbeiter nach deren Funktionen.
- Das Team besitzt in der Wahl seiner inneren Strukturen genügend Freiheit.
- In seiner Arbeit genießt es ein hohes Maß an Autonomie.
- Es nutzt Stärken und kompensiert Schwächen.
- Das Prozessdenken rangiert vor Kästchendenken.
- Es orientiert sich an einem Informationsfluss-Diagramm.

- Es ist klein gegliedert, flexibel mit fließenden Aufgabenzuordnungen.
- Spiel-/Verhaltens-Regeln werden fallweise vereinbart.

Zu den harten Erfolgsfakoren eines Teams zählen:
- Teamziele
- Teamführung
- Zeit- und Projektplanung
- Qualifikation und Aufgabenverteilung
- Entscheidungskompetenz
- Einbindung in die Organisation

Auch weiche Erfolgsfaktoren machen ein Team erfolgreich:
- Vision
- Kommunikation und Interaktion
- Sachliche und emotionale Offenheit
- Gegenseitige Unterstützung
- Konstruktive Konkurrenz
- Partizipation und Engagement
- Übernahme von Verantwortung

Analyse- und Strategie-Tools nutzen

Textanalyse- und Textoptimierung-Tools

Im Kapitel „Lösungen 2" lernten Sie die vier Dimensionen der Textqualität kennen. In diesem Abschnitt stelle ich Ihnen Softwarelösungen vor, mit denen Sie bzw. Ihre Mitarbeiter Texte auf den Prüfstand stellen und zeitsparend optimieren können. Ich beschränke mich in Tabelle 9 dabei auf diejenigen, die umfassende Lösungen anbieten – unabhängig von jenen Programmen, die sich nur auf Lesbarkeit, Verständlichkeit, Terminologie und Floskeln beschränken.

Textbausteinverwaltung mit PhraseExpress

Die Textbausteinverwaltung PhraseExpress von der Bartels Media GmbH aus Trier erspart die Eingabe häufig benötigter Texte. Während des Schreibprozesses erkennt das Programm wiederholt eingegebene Sätze, wie zum Beispiel „Vielen Dank für Ihre Anfrage" etc.

Hersteller	Pintexx[1]	Bartels Media[2]	Pintexx	SDL[3]
Produktbezeichnung:	CW online	Phrase Express	4D Wording Optimizer	SDL Trados Studio
Funktionen	✓			
Textqualität per Index bewerten	✓		✓	
Wort-/Satzlänge prüfen	✓		✓	
Floskel-Check	✓	✓	✓	✓
Anglizismen-Check	✓	✓	✓	✓
Helvetismen-Check Option: Austriazismen	✓	✓	✓	✓
Terminologie-Check/ -Verwaltung	✓	✓	✓	✓
mehrsprachige Term-Verwaltung				✓
Wortvielfalt/ Wiederholungen	✓		✓	
Thesaurus	✓	✓	✓	✓
Sprachklima/4-Farben-Srache	✓		✓	
Textbausteine	✓	✓	✓	✓
Textbaustein-Verwaltung	optional	✓		✓
Autotext	optional	✓		
Auto-Suggest-Wörterbuch				✓
Memory	optional		optional	✓

Tabelle 9: Software zur Textoptimierung

Quellen:
1 Pintexx GmbH, www.pintexx.de, Word Add-In für Word/Windows, Cloud-Lösungen ohne Installation für PC, Mac, Tablet etc.
2 Bartels Media GmbH, www.phraseexpress.com läuft in allen Windows-Anwendungen.
3 SDL Trados GmbH, www.sdl.com

Beginnt der Anwender einen häufig verwendeten Satz zu tippen, schlägt ihm die Software automatisch die Vervollständigung vor.

Textbausteine können beliebig miteinander verkettet, verschachtelt und zeitgesteuert aufgerufen werden. Dynamische Inhalte, wie Datum oder Zeitstempel, fortlaufende Nummerierungen oder zusätzliche manuelle Texteingaben, lassen sich in die Textvorlagen einbetten. Ganze Dokumente können per Kurztext oder Tastenkombination geöffnet und häufig benötige Arbeitsschritte am PC automatisiert werden.

Sie können Textbausteine verwalten und in allen Windows-Programmen nutzen, z.B. in Word, Outlook, Thunderbird etc. Die Verwaltung der Inhalte kann im Netzwerk mit Client-/Server-Architektur erfolgen. Damit ist auch der gemeinsame Zugriff auf Textbausteine im Netzwerk für alle Anwender im Unternehmen möglich.

PhraseExpress unterstützt SQL Server und ist somit auch für große Unternehmen mit vielen Benutzern geeignet. Mit Hilfe einer ausgefeilten Lese- und Schreibrechteverwaltung erhält jeder Anwender im Team jeweils passende Textbausteine. Die Textbaustein-Sammlung wird in einer einzelnen XML-Datei geschrieben und kann dadurch einfach auf andere oder auf einen neuen Rechner übertragen werden.

Einfache Bedienung erfordert praktisch keinen oder nur geringen Schulungsaufwand. Die Benutzeroberfläche kann bei Bedarf vom Administrator zum Schutz vor Fehlbedienung eingeschränkt werden. Damit stehen Mitarbeitern nur die für sie relevanten Funktionen bereit.

Textbausteine lassen sich in einer beliebigen Ordnerstruktur organisieren und inklusive Textformatierung und Bildern speichern. Die Verwaltung bietet schnellen Zugriff auf häufig benötigte Inhalte, wie Adressen, Bankverbindungen, Antworten auf häufig gestellte Fragen, Angebote, Musterverträge etc.

Dies spart viel Zeit zum Beispiel beim …
- Beantworten von Kundenanfragen im Vertrieb,
- Beantworten technischer Fragen im Kundendienst,
- Erstellen von Zeugnissen in der Personalverwaltung oder beim
- Erstellen von Verträgen in der Versicherung.

Mit einer umfangreichen Makrosprache können Textbausteine automatisiert generiert werden: Eingabeformulare, Einbindung von Umgebungsvariablen oder Inhalte externer Dateien, Verkettung oder Einbettung mehrerer Textbausteine, Berechnungs- und Datumsfunktionen. E-Mail-Signaturverwaltung, Textvariablen wie Telefonnummern oder Kontaktinfos lassen sich dynamisch in ein Dokument einbetten.

Analog zur Autotext-Funktion in Word erweitert das Programm Abkürzungen in längere Textbausteine, wie zum Beispiel „fg“ zu „Freundlichen Grüßen“. Das Besondere bei PhraseExpress im Gegensatz zu Word: Es funktioniert in sämtlichen Windows-Programmen.

Tippfehler werden bereits während der Texteingabe korrigiert. Über 10.000 Rechtschreibkorrekturen in sieben Sprachen stehen zum kostenlosen Download bereit. Die TypoLearn™ Funktion erkennt individuelle Tippfehler automatisch und erweitert die Rechtschreibdatenbank kontinuierlich mit den persönlichen Korrektureinträgen des Anwenders. Selbst auf einem Tablet PC schreiben Sie mit PhraseExpress Texte viel schneller, als es je zuvor möglich war.

Die Software synchronisiert Textbausteine mit der Mac Textbausteinsoftware TextExpander für Windows in beide Richtungen und bietet damit eine plattformübergreifende Textbausteinverwaltung.

Die Anwendung kann auch bequem von einem USB-Stick betrieben werden und muss somit nicht permanent auf einem Rechner installiert sein. Die Textbausteindateien mit Zugriffsrechte-Einstellungen behalten auch unterwegs ihre Gültigkeit.

CAT für Customer Translation Management nutzen

CAT steht für Computer Aided Translation (computergestützte Übersetzung). CAT-Technologien ermöglichen ein Staffeln der Übersetzungsprozesse: zum Eingrenzen von Dokumenten international agierender Unternehmungen.

Translation Memories sind Datenbanken, in denen Ausgangssätze (z.B. in Englisch) und ihre jeweiligen Übersetzungen (z.B. in Deutsch) als Segmentpaare gespeichert werden. Bislang ging es dabei ausschließlich um das Übersetzen der Fremdsprache X in die Zielsprache Y.

SDL Language Technologies ist weltweit Marktführer im Bereich Global-Information-Management-Lösungen, die es Unternehmen ermöglichen, hochwertige Inhalte für Märkte weltweit schnell und termingerecht zu erstellen. Das Unternehmen firmiert in Deutschland unter Trados und hat seinen Geschäftssitz in Stuttgart-Vaihingen. Die globale Infrastruktur umfasst über 60 Niederlassungen in 35 Ländern.

In der Übersetzungsbranche genießt das SDL Trados Studio einen hohen Bekanntheitsgrad. Zum Nutzerkreis zählen Übersetzer, Projektleiter, Korrekturleser und Terminologen. Die Vorteile dieser Software:

- Bereits erstellte Inhalte wiederverwenden, um nicht bei jedem Aktualisierungslauf den gesamten Übersetzungsprozess neu aufrollen zu müssen.
- Zeitraubende Korrektur- und Prüfprozesse straffen und weltweit hohe Textqualität liefern.
- Vergabe von Übersetzungsaufträgen zentral zwischen Dienstleister und Auftraggeber steuern.
- Gesetzliche Vorgaben einhalten, z.B. die Mehrsprachigkeit von Produktinformationen im Sinne der EU-Maschinenrichtlinie.
- Prozesse automatisieren, die Übersetzungsproduktivität steigern und gleichzeitig Kosten senken, um weltweit effizienter expandieren zu können.

Den Nutzen dieser Technologie haben wir im Jahr 2012 für Text-Corporate Wording® aufgegriffen und daraus Anwendungen für Textoptimierungen deutschsprachiger Texte abgeleitet. Die Idee: Das „Übersetzen“ von allgemeinem Deutsch (Ausgangssprache) in CW DEUTSCHplus® (Zielsprache) für markenkonforme und zielgruppenrelevante schriftliche Kommunikation.

„Übersetzen“ steht auch hier im Sinne des Übertragens von Texten nach Vorgaben eines CW-Manuals (Richtlinien wie Terminologie und Schreibweisen, Empfehlungen für lesefreundliche Texte und Vorgaben für einen markenkonformen Sprachklima-Mix). Ziel ist es, der Unternehmenssprache eine markante, lesefreundliche und kundenorientierte Note zu geben. So spielt das SDL Trados Studio für die Kundenkommunikation 3.0 eine neue entscheidende Rolle.

Das Besondere an dieser Lösung liegt im „Memory“. Es liefert dem Texter schnell und zeitsparend bereits optimierte Vorschläge, sobald Inhalte mit ähnlichen Formulierungen bearbeitet werden. Eine weitere Stärke sind die vielen Dateiformate von Microsoft Office bis Open Office, von InDesign bis FrameMaker und von XML bis HTML, sie gewährleisten den Einsatz in unterschiedlichsten Abteilungen.

Da es sich beim Trados Studio um eine sehr komplexe Anwendung handelt, die eine Einarbeitungszeit erfordert, haben wir gemeinsam mit unserem Technologiepartner Pintexx aus dem schwäbischen Talheim eine Word-Lösung mit einfacher Benutzeroberfläche geschaffen. Der Vorteil: Mitarbeiter, welche mit Word vertraut sind, können Texte sofort optimieren und im Hintergrund die mächtigen Studio-Funktionen nutzen, ohne damit direkt konfrontiert zu werden.

Anwender arbeiten mit Textsegmenten und nicht, wie bei der Textbearbeitung sonst üblich, mit ganzen Dokumenten, Absätzen oder Sätzen. Meist entspricht ein Segment einem Satz, es kann aber auch aus wenigen Wörtern bestehen, z.B. einer Überschrift wie „Erste Schritte".

Das „Memory" erinnert sich an jedes „übersetzte" Segment. Es speichert Paare aus der Ausgangs- und der Zielsprache in Datenbanksegmenten als sogenannte Übersetzungseinheiten. Wenn später dasselbe oder ein ähnliches Segment noch einmal vorkommt, lässt sich die passende Übersetzungslösung aus dem „Gedächtnis" abrufen. Ein erneutes Optimieren von Texten entfällt.

Diese Technologie bietet zwei Vorteile für die Kundenkommunikation 3.0: Kürzere Durchlaufzeiten bei der Texterstellung und -optimierung sowie enorme Kosteneinsparungen, da sich wiederholende Inhalte schneller genutzt werden können. Auf diese Weise stellen Unternehmen sicher, dass Inhalte unternehmensweit – auch mehrsprachig – einheitlich verwendet werden, ganz im Sinne des Corporate Wordings.

Engineering in der Kundenkommunikation 3.0

Information Engineering ist der Oberbegriff für Methoden, Techniken und Tools des Informationsmanagements. Es geht dabei um das Planen, Analysieren, Entwerfen und unternehmensweite Realisieren von Informationssystemen in möglichst allen Organisationen.

Dabei nehmen Wirtschaftsinformatiker zunächst die im Unternehmen existierenden Funktionsprozesse in den Fokus. Schließlich rücken die strategischen Unternehmensziele und das Geschäftsmodell in den Mittelpunkt, um im Top-down-Ansatz Funktionen und Prozesse nach Bedarf zu implementieren oder bestehende zu optimieren.

In der Kundenkommunikation 3.0 ist dieser Ansatz aus Kundensicht neu zu beleuchten:

- Analyse und Planung durch Cross-Media- und Multi-Channel-Simulationen sind in der Kundenkommunikation 3.0 eine Pflicht. Werden ihnen in Ihrem Unternehmen entsprechende Bedeutung zugemessen?
- Sind in Ihrem Unternehmen Methoden und Content-Datenbanken im Einsatz, welche die typologischen Erwartungen und Bedürfnisse von Kunden ausreichend darstellen?
- Können Kundendaten anwenderübergreifend in Workshops genutzt und analysiert werden? (Wie „ticken“ unsere Kunden?)
- Wird das einfache Generieren von Kundendatenmodellen in allen Bereichen gefördert?
- Haben Mitarbeiter der Kundenkommunikation Zugriff auf Tools, mit denen Kaufkriterien, Bedürfnisse, Wettbewerbsfaktoren und auch komplexe Prototypen-Kampagnen erzeugt werden können?
- Lassen sich Zielgruppen, Informationsmedien, Kanäle und Rückkanäle grafisch in verständlicher Form darstellen, so dass gewährleistet ist, dass Mitarbeiter das Tool gerne nutzen?
- Verfügen alle Mitarbeiter, die sich mit schriftlichen Kundeninhalten befassen, Software, die Konsistenz im sprachlichen Auftritt sichert und Inhalte nach Korrektheit und Relevanz prüft?
- Welche Werkzeuge unterstützen Sie und Ihre Mitarbeiter? Ist Software im Einsatz, welche die Produktivität von Schreibprozessen steigert und den Response zielgruppengesteuerter Kundenkommunikation erhöht?

Pull oder Push?

Grundsätzlich gibt es zwei Wege, wie Kunden an Informationen kommen:

1. Beim Pull-Verfahren muss ein Interessent Informationen aus einem Medium „ziehen“ (z.B. aus einem Lexikon, einem Fachbeitrag, einer Produktbroschüre, aus Wikipedia, von einer Firmenhomepage). Auch Softwaresysteme können auf diese Weise

Informationen aus anderen Systemen abrufen. Das beste Beispiel sind E-Mails. Ihr Mailprogramm zieht – automatisch nach Zeitvorgabe oder per manuellen Ablauf – E-Mails vom Server.

2. Beim Push-Verfahren wird die Information vom Sender in den Empfänger „hineingedrückt“ – in bester „Drückerkolonnen-Manier“, ohne Rücksicht darauf, ob der Empfänger diese Informationen möchte. Dazu zählen: Hauswurfsendungen, Werbepost aus der Welt des Dialogmarketings, Werbebeilagen in Zeitungen, unangeforderte Vertreterbesuche, E-Mail-Angebote, Fernseh-/Radiowerbung, Web-Banner und Pop-ups, lästige Callcenter-Anrufe usw. Vom Kunden unerwünschte Push-Aktionen sind kontraproduktiv!

Die Push-Kommunikation

Das Push-Verfahren lebt zum Leidwesen betroffener Mitarbeiter auch in der internen Kommunikation und gehört zum Vertriebsalltag. Auch hier werden Information über neue Produkte oder Dienstleistungen „durchgedrückt“. Die Informationsersteller streuen ihre Inhalte ohne Rücksicht auf die tatsächlichen Informationsbedürfnisse. Die fatalen Folgen habe ich im Kapitel „Problemfaktor 2: Informationsflut“ beschrieben.

Typisches Verhalten: Sobald das Produkt im Handel ist, wird es „in den Einkaufswagen“ des Kunden „hineingedrückt“. Fernsehwerbung von Media Markt mit seiner rigiden Preispolitik ist ein typisches Beispiel. Der Markt versucht durch seine aggressive Preispolitik, Produkte vom Warenregal direkt in das Wohnzimmer des Kunden zu bringen.

Nichts anderes geschieht in der Unternehmenskommunikation: Das Management einer Konzernzentrale sendet aus seiner Sicht wichtige Informationen an die Direktionen. Diese streuen die Inhalte nach ihrem Gusto an die Organisationen. Diese transportieren die Inhalte in die Abteilungen. Die Abteilungsleiter geben die Infos an ihre Mitarbeiter weiter. Dadurch entstehen Doubletten oder redundante Inhalte verschiedener Absender. Die linke Hand weiß nicht, welche Inhalte die rechte Hand streut. Das ganze potenziert sich ins Unermessliche.

Die Pull-Kommunikation

Bei der Pull-Kommunikation ist immer eine eigene Aktivität des Kunden zum Einholen einer Information notwendig. Das erfordert relevante, informative, qualitative und einmalige Inhalte, die Firmen ihren Kunden bereitstellen, und zwar mit dem Ziel, Kunden zu begeistern. Die Folge ist, dass sie Kontakt mit dem Unternehmen suchen und am Ende ein Produkt oder eine Leistung kaufen. Pull-Kommunikation muss dort präsent sein, wo sich der Kunde gerade befindet und Informationen braucht. Alt bewährt: Agfa bot seinen Kunden bereits in den 1960er Jahren im wahrsten Sinne des Wortes Pull-Kommunikation an: „Ziehen Sie bitte selbst die Schubladen. Suchen Sie selbst aus, was Sie wünschen." So der Kundenhinweis auf einem Hängeregisterschrank, gefüllt mit verschiedensten Prospekten.

Push: typische „Drücker"	Pull: typische „Zieher"
Texter	Leser
Mailings	Homepage
TV-Werbung	YouTube
PowerPoint-Vortrag	Teilnehmerfragen
Flyer, wenn unerwünscht	Flyer, wenn gezielt nach Infos gesucht wird
Klinken putzen	Tupperparty®
Verkaufsprovision	Treueprämie
Newsletter ohne Verteiler-Registrierung	QR-Scanner

Tabelle 10: Unterschiedliche Konsequenzen der Push- bzw. Pull-Strategie in der Kommunikation (Quelle: Förster & Förster Archiv)

Wann wird welche Strategie eingesetzt?

Einige Unternehmen beschränken sich voll und ganz auf die kostenintensiven, mit hohen Streuverlusten verknüpften Push-Strategien. Das hat zur Folge, dass beim Kunden durch permanente ungewollte Ansprache das Desinteresse zunimmt und sich das Gefühl der Belästigung breitmacht.

Weil viele TV-Zuschauer in der Werbepause auf die Toilette oder zum Kühlschrank gehen, erhöht sich subjektiv durch raffinierte Tontechnik während des Werbeblocks die Lautstärke des Fernsehers. Moderne Fernseher können diesen Lautstärkeunterschied zwar ausgleichen, aber dadurch, dass Filme oftmals nur einen kleinen Teil des Klangspektrums nutzen und die Werbung häufig den vollen ausschöpft, wird Werbung lauter wahrgenommen.

Der Wandel steht bevor, weil immer mehr der Kunde bestimmt, welche Informationen er annimmt und welcher er ignoriert. In der Kundenkommunikation 3.0 rückt daher die Pull-Strategie immer mehr in den Vordergrund.

Top-down oder Bottom-up?

Das Ganze ist mehr als die Summe seiner Teile.
Aristoteles

Betrachten wir die Informationsaufnahme und -verarbeitung des menschlichen Gehirns auf den folgenden Seiten, sollte sich die Frage „Top-down“ oder „Bottom-up?“ in der Kundenkommunikation erst gar nicht stellen. Doch beleuchten wir zunächst die klassische Anwendung der beiden Ansätze und danach deren entscheidende Mischform.

Man kann die Wirkung eines komplexen Prozesses aus zwei konträren Richtungen von Ebene zu Ebene betrachten, beschreiben und darstellen: von oben nach unten oder umgekehrt – vom großen Ganzen, Allgemeinen, Übergeordneten hin zum Detail, Speziellen, Untergeordneten.

Ein Beispiel: In der Managementtheorie beschreibt der „Top-down“-Ansatz ein Umsetzungsszenario von oben nach unten. Der Kommunikationsfluss und die Aufgabenverteilung erfolgen hier von den höchsten Hierarchien der Führung nach unten zu den Mitarbeitern auf der operativen Ebene. So werden Projekte zur Problemlösung oder zur Prozessverbesserung in der Unternehmensleitung geplant und nach unten weitergegeben.

Das Gegenstück bildet der „Bottom-up“-Ansatz, der sich (leider) zunehmend rar macht. Hier können sich – um beim vorgenannten Beispiel zu bleiben – Mitarbeiter, Projektgruppen oder ganze Abteilungen in die Prozesse von unten nach oben mit einbinden. Auf diese Weise werden an der Basis fehlerhafte Details in Strukturen und Teilprozessen erkannt. Selbst ähnliche Fehler lassen sich bündeln und nach oben zur Entwicklung eines ganzheitlichen Ansatzes weitertragen. Der Vorteil: Die Mitarbeiter werden für Veränderungen gewonnen und von Beginn an in den Change-Prozess eingebunden.

Beim Kombinieren der „Bottom-up"- und „Top-down"-Planung fließen Einzelpläne von „oben" und „unten" zusammen. Diese Synthese wird in der Literatur auch als „Down-up"-Planung oder „iteratives Gegenstromverfahren" bezeichnet. (Staehle, 1999)

Down-up-Kundenkommunikation 3.0
Auch in der menschlichen Wahrnehmung finden wir diesen Ansatz und können dieses Wissen für die Kundenkommunikation nutzen.

Bottom-up, Phasen 1 und 2:
Der Mensch nimmt in zwei Phasen Informationen auf. In der ersten Phase über die fünf Sinne (hören, sehen, riechen, schmecken, tasten). In der zweiten Phase wandelt das Gehirn diese Wahrnehmungsdaten in Informationen um und verarbeitet diese.

Hierbei geht es um die Umwandlung der konkreten physikalischen Reizeigenschaften in abstrakte Repräsentationen. (Zimpardo/Gerrig, 1999)

Top-down, Phase 3:
In der dritten Phase werden die Informationen klassifiziert und subjektiv bewertet. Schon beim Klassifizieren kann es zu Fehlentscheidungen kommen, indem Eigenheiten von Informationen falsch eingeordnet werden. Diese gesteuerte und durch Vorstellungen geleitete Phase beeinflusst die Interpretation der angekommenen Daten: Erwartungen, Motivationen und Emotionen entscheiden über ein „Daumen rauf " oder „Daumen runter".

Diese drei Phasen laufen in einem sich ständig wiederholenden Gegenstromverfahren ab, das zuvor beschriebene „Down-up"-Prinzip.

Die Qualität, Attraktivität und Relevanz der Kundenkommunikation beeinflusst, in welchem Grad der Kunde bereit ist, Informationen in Ausschnitten wahrzunehmen und vor allem anzunehmen. Die Lebenswelt und die gegenwärtige Situation müssen zum Kontext passen.

Die größte Macht hat das richtige Wort zur richtigen Zeit. (Mark Twain) Kunden nehmen das wahr, was für ihr Handeln von Belang ist. Das heißt: Nur Briefe, E-Mails, Blogs, Anrufe – kurz, alle Informationen, die zur richtigen Zeit am richtigen Ort ankommen, lösen aktives Handeln aus.

Menschen, die diese Reizflut nicht filtern können, leiden unter dem Asperger Syndrom. Aber auch für den Gesunden gilt: Was zu viel ist, ist zu viel! Das Gehirn schützt Menschen vor Reizüberflutung und unterbindet permanent den Überfluss an Eindrücken („latente Inhibition"). Das Gehirn kann die Reize nur in begrenzter Menge verarbeiten. In der Kundenkommunikation 3.0 werden deshalb die Informationen schon im Vorfeld klassifiziert. Customer Translation bringt Relevanz in Informationen, vereinfacht die auf der Seite zuvor beschriebenen Phasen 1 und 2 und minimiert Fehlinterpretationen beim Kunden.

Online oder stationär?

Unternehmen stellen Kunden vielfältige Wege bereit, um mit ihnen in Kontakt zu kommen. Doch welche Kanäle bevorzugen sie? Wie häufig wechseln während einer Customer Journey Kunden ihre Kanäle? Wo schaut sich der Kunde Produktinformation an? Zu Hause auf dem Sofa im Katalog oder mit seinem iPad? Im Büro am Desktop? Unterwegs beim Einkaufen per Smartphone? Die bereits erwähnte „Adobe 2013 Mobile Consumer Survey" ging solchen Fragen auf den Grund und zeigt, dass der Homepage-Zugriff über mobile Endgeräte massiv zugelegt hat. Die Folge für Unternehmen: Je mehr unterschiedliche Touchpoints sie für den Kundenkontakt bieten, desto höher sind Loyalität und potentieller Umsatz.

YouGov, ein internationales Institut für Markt- und Organisationsforschung aus Köln, erstellt jährlich den „Kundenmonitor Assekuranz". 2013 wurde auch das Thema „Agenturservice, Beratung der Zukunft" untersucht. Die meisten Versicherungskunden wünschen sich persönliche Beratung im Büro des Vermittlers (74 Prozent) oder zu Hause (59 Prozent). Danach ist von einer absoluten Mehrheit der Einsatz von Laptops oder eines Tablet-PCs im Beratungsgespräch gewünscht und ein Zeichen für eine professionelle Beratung. Auch eine Beratung über Telefon oder über E-Mail kommt für einige Kunden infrage, sofern vorher eine persönliche Beziehung zum Vertreter aufgebaut wurde. Neben dem Telefon ist die E-Mail-Kommunikation zum Standard in der Kundenbetreuung von Versicherungsagenturen geworden.

Gerade wenn es darum geht, eigene Informationen und Unterlagen zum Vermittler zu schicken, möchte fast die Hälfte der Kunden die E-Mail-Kommunikation nutzen.

Unklar sei noch, welche weiteren Beratungsformen sich künftig durchsetzen werden. Beratungen über Chat, Skype, Handy, Smartphone, Co-Browsing oder in einem Kundenforum haben in dieser Branche noch eine geringe Relevanz. Vielen Kunden sind diese Kommunikationsmittel noch nicht oder nur wenig bekannt. Sicher fehle dieser Beratungsform noch die entsprechende Medienkompetenz und das damit wachsende Vertrauen, so YouGov.

In der „think: act Study" von Roland Berger Strategy Consultants 2013 wurden Kundentypen der Multi-Channel-Welt definiert, mit dem sich der nächste Abschnitt befasst. So viel vorab: Vier der sieben identifizierten Kundensegmente kaufen sowohl online als auch stationär.[5]

- **Simplistic Shopping Minimalists**
  Haushaltsgröße (HG) 2,5, Haushaltseinkommen (HHE): Ø 2.427 Euro, Durchschnittsalter (Alter): Ø 46 Jahre, Umsatzanteil (UA) 10 %, Segmentgröße (SG) 11 %
- **Traditional Senior Shoppers**
  HG 1,9, HHE: Ø 1.957 Euro, Alter Ø: 64,1 Jahre, UA 27 %, SG 28 %
- **Mainstream Off line Shoppers**
  HG 3,1, HHE: Ø 2.219 Euro, Alter: Ø 28,4 Jahre, UA 23 %, SG 25 %
- **Efficient Multichannel Shoppers**
  HG 2,9, HHE: Ø 3.009 Euro, Alter: Ø 32,6 Jahre, UA 10 %, SG 8 %
- **Non-Urban Shopping Pragmatists**
  HG 2,9, HHE: Ø 2.743 Euro, Alter: Ø 33,6 Jahre, UA 9 %, SG 9 %
- **Joy-seeking Multichannel Natives**
  HG 2,6, HHE: Ø 1.242 Euro, Alter: Ø 24,5 Jahre, UA 8 %, SG 9 %
- **Well-off Shopping Enthusiasts**
  HG 2,9, HHE: Ø 3.510 Euro. Alter: Ø 45,6 Jahre, UA 13 %, SG10 %

Trotz dieser Marktsituation unterschätzen viele Unternehmen immer noch das Potential von Webseiten als zusätzlichem Vertriebskanal und sehen ihren Webauftritt primär als Instrument zur Markendarstellung. Das attestierte die Studie „High-End Online Deutschland" von der Branchenvereinigung Meisterkreis und Roland Berger Stra-

---

5 Einblicke in die Studie gewährt das Beratungsunternehmen unter www.rolandberger.com/media

tegy Consultants. Online-Umsätze haben bei einem beträchtlichen Teil der befragten Unternehmen noch nicht die höchste Priorität.

Sie sehen den Webauftritt eher als Medium für die Darstellung der Markenwelt und unterschätzen oft den direkten Kaufwunsch der Konsumenten. Die Studie fasst das Ergebnis wie folgt zusammen: „Der professionelle Auftritt über die Webseite ist für die Kundenansprache heute genauso wichtig wie ein Flagship-Store. Da die meisten Kunden on- und offline kaufen, sollten Unternehmen ihre Marken über alle Absatzkanäle gleichermaßen erlebbar machen."

Der Einkauf im Internet ist aus dem Alltag der Deutschen nicht mehr wegzudenken: Über ein Drittel der Onlinekäufer geben wöchentlich im Internet Geld aus und etwas weniger als ein Drittel kaufen im selben Zeitraum im Ladengeschäft ein. Das geht aus einer 2012 erschienenen Studie der Wirtschaftsprüfungs- und Beratungsgesellschaft PricewaterhouseCoopers (PwC) hervor, in der Onlinekäufer nach ihrem Kaufverhalten und ihren Erwartungen befragt wurden.

Problem: Wer auf Webseiten ein Produkt oder eine Leistung sucht, kann das Angebot oft nur nach fest vorgegeben Kriterien sortieren. Kaum ein Anbieter fragt Interessenten, was sie mit dem Produkt oder der Leistung tun wollen, um sie zum passenden Angebot zu führen. Gibt man im offiziellen NikeStore unter „Wonach suchst Du?" „Laufschuhe Pink" ein, erhält man 140 Modelle zur Auswahl. Erweitert um den Suchbegriff „Herren" sind es 62 Modelle, darunter Basketballschuhe, Golfschuhe, Tennisschuhe, Fußballschuhe, Trainingsschuhe, American-Football-Schuhe und ein „Männerschuh". Beantwortet man die Frage „Wonach suchst Du?" zum Beispiel mit „Schuhe zum Tennisspielen" kommt die Antwort: „Keine Übereinstimmung gefunden, gib eine neue Suche ein." Erst unter Eingabe dieser Schreibweise „Herrenschuhe zum Tennis spielen" führt die Homepage auf die Seite: „Das Neueste von Nike Tennis" mit der Bild-Text-Auswahl: Schuhe, Sportler-Kollektion und „Unsere besten Röcke". Röcke/Herrenschuhe?! Diese Homepage steckt mit Blick auf Kundenkommunikation 3.0 im wahrsten Sinne des Wortes noch in den Kinderschuhen.

Erkenntnis daraus: Für Unternehmen wird es immer wichtiger, alle Kanäle in eine übergreifende Multi-Channel-Strategie zu integrieren, die konsequent den Kunden und seine Bedürfnisse in den Mittelpunkt stellt.

Dies geht auch in kleinen Schritten: Im ländlichen Raum werden neue Services entstehen, so wie heute der clevere Biokost-Händler längst sein wöchentliches Angebot seinen Kunden per Fax schickt, Mitte der Woche telefonische Bestellungen entgegennimmt und zum Wochenende Obst und Gemüse bis zur Haustüre liefert. Apotheker und Drogisten leben Multi-Channel auf ihre Art und Weise vor, indem sie online einen Bestellservice und den Versand aus dem Laden heraus als Service anbieten. Andere Kunden bestellen Modeartikel, Blumen, Brot oder Unterhaltungselektronik im Onlineshop und holen ihre bestellte Ware fix und fertig zum Mitnehmen verpackt im Geschäft ab. Im Landgasthof wird der Wunschtisch online gebucht, dazu das Menü im Voraus gewählt. Der Gast erspart sich Wartezeit und fühlt sich an „seinem" Tisch wohl.

Multi-, Cross- oder Omni-Channel?

Der Versuch klarer Begriffsdefinitionen …
Für Multi-, Cross- und Omni-Channel gibt es keine einheitlichen Definitionen. Die Begriffe werden im Zusammenhang mit dem Vertrieb, dem Internet und der Kommunikation gebraucht.

In der Informationstheorie steht der Begriff „Kanal" im Zusammenhang mit direkten Informations- und Übertragungswegen vom Sender zum Empfänger. Im Handel steht der „Channel" für Vertriebskanäle, wie Ladengeschäfte, Kataloge, Direktvertrieb, Onlineshops etc.

Durchschreiten Informationen in der Unternehmenskommunikation mehrere Zwischenstufen (wie in hierarchischen Organisationen), ist von „mehrstufigen Kanälen" die Rede, bei denen sich die Informationen je nach Zielgruppe unterscheiden können, sich entsprechend kaskadenförmig verteilen und multiplizieren. Der Begriff „Multiple-Channel" – seltener genutzt – steht für unkoordinierte, unabhängige Kanäle (Abbildung 6).

Im „Multi-Channel", dem Mehrkanalsystem, werden vielfältige aber inhaltlich koordinierte Medien getrennt voneinander flexibel in verschiedenen Kanälen eingesetzt.

Multiple, lt. multiplex	im Sinne von vielfältig
Multi…, lt. multus	im Sinne von mehrfach

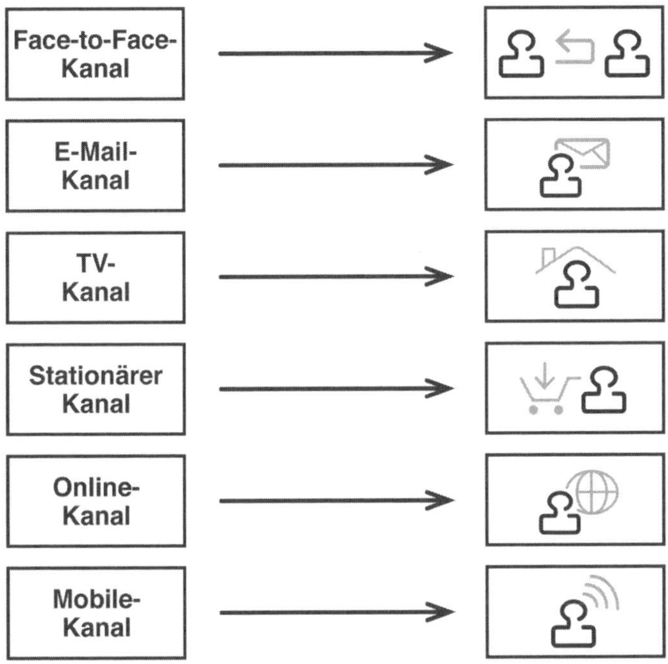

Abbildung 6: Multiple-Channel (Quelle: Förster & Förster Archiv)

Bei „Omni-Channel" nutzen die Kunden mehrere (Vertriebs-) Kanäle parallel. So holen sie zum Beispiel am Point of Sales zunächst per Facebook die Meinung ihrer Freunde ein oder lesen online einen Testbericht, holen sich Infos vom Hersteller oder vergleichen Preise, bevor Sie sich für den Kauf entscheiden.

Multikanal-Vertrieb

In Unternehmen schwirren inflationär gebrauchte Begriffe rund um den Vertrieb umher, wie „Multi-Channel-Marketing", „Multi-Channel-Management", „Multi-Channel-Retailing" oder „Multi-Channel-Distribution". Auch hier fehlen eindeutige Definitionen. Meist sind damit mehrere parallele Absatzkanäle gemeint, wie etwa Einzelhandel, Versandhaus, Kundendienst, E-Commerce oder TV-Shopping (Abbildung 7 auf Seite 136).

„... bereits bei der Existenz von zwei Absatzwegen kann aber von einem Multi-Channel-Marketing gesprochen werden. Darüber hinaus bedeutet ein Absatz über mehrere Absatzkanäle noch kein Multi-Channel-Marketing, vielmehr gelten zusätzlich ein wesent-

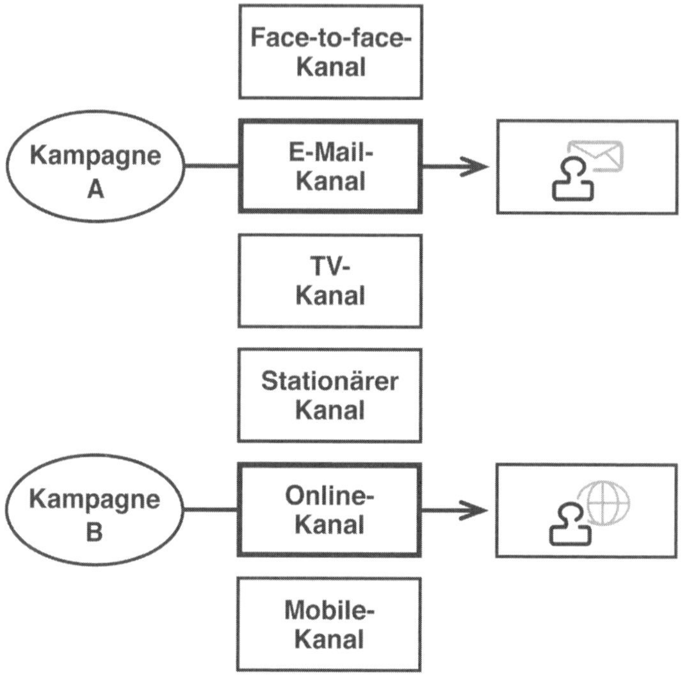

Abbildung 7: Multi-Channel (Quelle: Förster & Förster Archiv)

licher Sortimentszusammenhang und eine Integration der einzelnen Kanäle zu einem Gesamtsystem als Mindestanforderungen für ein ‚echtes' Multi-Channel-Marketing…" (Kock, 2010)

Das Internet ist kein zwingender Kanal, doch sind die Möglichkeiten von Onlinemarketing heute derart reichhaltig, dass dieser Kanal künftig eine größere Bedeutung gewinnen wird.

Wichtig: Multiple-Channel-Unternehmen, die unkoordiniert mehrere Kanäle bedienen, betreiben noch lange kein Multiple-Channel-Marketing. Dies liegt erst dann vor, wenn sämtliche parallele Dialog-, Vertriebs- und Servicekanäle in die Kundenkommunikation 3.0 integriert werden.

Customer Translation Channelling stellt damit eine doppelte Herausforderung dar:

- Das konsistente „Übersetzen" von Inhalten aus der Kundenperspektive.

- Das konsistente „Übersetzen“ von Inhalten für unterschiedliche Kanäle (Multi-Channel-Communication) an sämtlichen Stellen, wo der Kunde mit dem Unternehmen in Kontakt tritt und einen Eindruck vom Unternehmen gewinnt (Touchpoints bzw. Berührungspunkte).

Die auf diesem Weg perfekt abgestimmte Kundenkommunikation 3.0 schafft mehrere Vorteile:
- Es ermöglicht dem Kunden ein nahtloses Wechseln von einem zum anderen Kanal innerhalb eines Unternehmens.
- Das „Free-Riding“ wird minimiert (Kunden machen sich über mehrere Kanäle verschiedener Anbieter schlau und kaufen dann dort, wo das Produkt am billigsten ist).
- Durch die aufeinander abgestimmten Kanäle steigt der Gesamtumsatz, weil sich kein Kanal auf Kosten des anderen Kanals Konkurrenz macht (typische Multiple-Channel-Folge).

Cross-Channel
Mit dem Begriff Cross-Channel verhält es sich wie mit Multi-Channel. Die eindeutige Definition fehlt. So heißt es zum Beispiel in einer Anzeige: „DIE NEUE MULTICHANNEL-STUDIE... Das Crosschannel-Verhalten...“. Beide Begriffe werden in einem Atemzug genannt und dazu in unterschiedlicher Schreibweise.

Gibt man „Cross-Channel“ in Google ein, führt der erste Eintrag zu Cross-Channel.de – das christliche Radioangebot von ERF Medien für Jugendliche und junge Erwachsene (ERF Medien ist ein gemeinnütziger Verein, der 1959 als Evangeliums-Rundfunk gegründet wurde.) Hier wurde das Kreuz offenbar wörtlich genommen.

Von Cross-Channel spricht man im Marketing, wenn zwei oder mehr Kanäle gleichzeitig genutzt werden. Unterschieden wird allgemein zwischen drei Grundtypen von Kanälen.

Kanäle/ Eigenschaften	Mediale Kanäle	Telekommunikative Kanäle	Institutionelle Kanäle
Beispiele	Rundfunk, Fernsehen, Zeitungen	Telefon, Fax, E-Mail, Blogs, Videokonferenz	Ladenlokal, Vertreterbesuch, Eventlokalität
typisch	Massenmedium, breite Zielgruppe	stationäre und mobile Dialoge	direkter Kontakt
Informationsfluss	einseitig	wechselseitig	wechselseitig
Güter	immateriell	materiell	immateriell und materiell

Tabelle 11: Grundtypen von Marketing-Kanälen (Quelle: Förster & Förster Archiv)

Diese Kanäle lassen sich miteinander verbinden. Legendär ist Cross-Channel durch die Kombination von Fernsehen und Telefon in der Unterhaltungsshow „Der goldene Schuß" in den Jahren 1964 bis 1970. Die Besonderheit war, dass die Zuschauer per Telefon unmittelbar in die Sendung eingreifen konnten – die erste interaktive Multi-Channel-Fernsehsendung Europas: „Es gab eine auf einem Stativ montierte, bewegliche Armbrust mit dahinter angebrachter Fernsehkamera. Dabei war die optische Achse des Kameraobjektivs mit der Linie Kimme – Korn – Ziel identisch. So konnte der mitspielende Zuschauer am heimischen Fernsehapparat mit den Kommandos Höher, Tiefer, Rechts, Links und Schuss auf eine Zielscheibe schießen, indem ein Kameramann die Aktionen mit verbundenen Augen an einen Joystick ausführte, der sich an einer Säule neben der Armbrust befand." (Wikipedia, 2013)

Mitte der 1970er Jahre begann die Ära der Telespiele mit interaktivem Tischtennis. Dies war die erste deutsche interaktive Show zwischen zwei Kandidaten, die mit ihrer Stimme am Telefon das Ping-Pong-Spiel steuerten. Thomas Gottschalk moderierte diese Sendung. Wem dies zu verstaubt klingen mag: Heute sind es Cross-Media-Sendungen wie „Deutschland sucht den Superstar" auf RTL, Benefiz-Sendungen wie José Carreras TV Spendengala oder Teleshopping von Pearl & Co., die nach diesem System funktionieren.

Konsumenten nutzen Cross-Channel-Vertriebskanäle und wechseln diese nach Belieben. Die im April 2013 erarbeitete Studie „Das Cross-Channel-Verhalten der Konsumenten – Herausforderung und Chance für den Handel" vom E-Commerce-Center Köln (ECC) in Zusammenarbeit mit hybris Software (gehört zu SAP) macht deut-

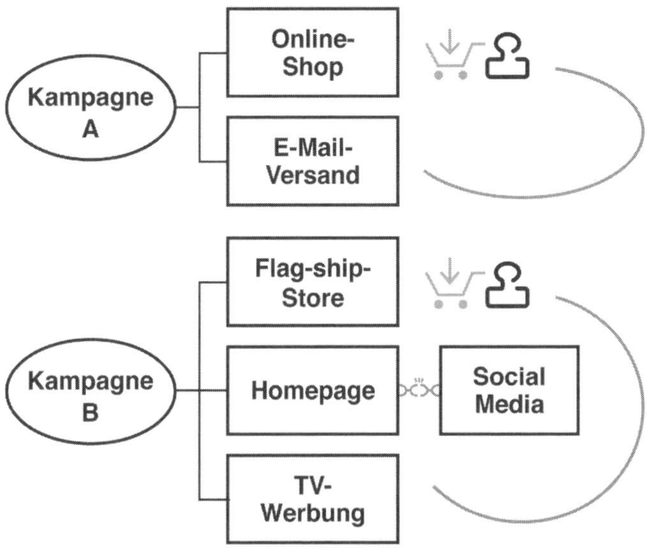

Abbildung 8: Cross-Channel-Methode (Quelle: Förster & Förster Archiv)

lich, dass deutsche Konsumenten bei ihrer Onlinerecherche vor dem Kauf im stationären Geschäft vor allem auf Suchmaschinen und Onlineshops zurückgreifen. Dabei recherchieren knapp 58 Prozent direkt im Onlineshop des gewählten Anbieters (Österreich 74,4 Prozent, Schweiz 60,2 Prozent). Vor Bestellungen aus Printkatalogen sowie vor Bestellungen mit dem Smartphone suchen sogar über die Hälfte der Befragten zunächst Informationen in Onlineshops. Für den traditionellen stationären Einzelhandel stellt sich daher die zentrale Frage, so ECC, wie er durch eine gezielte Cross-Channel-Strategie auf das grundsätzlich geänderte Konsumentenverhalten reagieren kann, um seine Wettbewerbsposition im digitalen Zeitalter zu behaupten.

Drei Viertel aller Verbraucher sind bei einem (unbewussten) Kanalwechsel vom stationären Handel in Online- und Mobilformate auch schon ihrem Händler untreu geworden. Das ist das Ergebnis einer repräsentativen Marktanalyse der Strategieberatung SMP. Viele Händler hierzulande bemühen sich derzeit zwar stark, ihre Angebote in den verschiedenen Vertriebskanälen miteinander zu verknüpfen, doch bei den Kunden kommt das kaum an. „Wenn der Verbraucher online ist, interessiert die Leistung des Onlinegeschäfts. Wenn er im stationären Laden einkauft, steht das stationäre Angebot im Vordergrund“, sagt Fritze von Berswordt, Partner bei SMP und Handelsexperte. „Komplexe Integrationsangebote zwischen Online- und Offlinegeschäft nehmen die meisten Kunden allein schon wegen der Entfernung zu den Filialen der Anbieter nicht als relevant wahr.“ (http://www.smpag.de/pressemitteilungen, 2012)

Die SMP-Branchenanalyse namens Cross Channel Performance Index (CPX) zeigt erstmals die Zusammenhänge zwischen Cross-Channel-Angeboten und Kundenloyalität über die Vertriebskanäle hinweg. SMP erhebt den CPX gemeinsam mit dem Meinungsforschungsunternehmen Innofact. Basis der Stichprobe sind die regelmäßigen Internetkäufer, die 59 Prozent der Gesamtbevölkerung in Deutschland ausmachen. Der CPX belegt: Im Cross-Channel-Geschäft kommt es auf individuelle Kanalexzellenz sowie relevante und verlässliche Kundenkommunikation an. Diese sind die Loyalitäts- und Werttreiber.

Die Integration der Kanäle spielt hingegen kaum eine Rolle. Ein Zusammenhang ist statistisch nicht zu belegen. Während bei stationären Geschäften gutes Servicepersonal oder die Lage entscheidende Faktoren für den Erfolg sind, hat der CPX ergeben, dass bei Onlinegeschäften neben dem Preis vor allem die Tiefe des Sortiments, seine Verfügbarkeit, der Lieferservice oder die Bezahlarten wichtig sind.

Marketingmaßnahmen mit E-Mails können zum Erzielen der höchstmöglichen Wirkung in eine integrierte Cross-Channel-Strategie eingebunden werden. Webseiten, Printmedien, E-Mails, Mobilgeräte und die Interaktion über soziale Netzwerke – kurz: Alltagsmedien – sollten in eine kanalübergreifende Markendarstellung integriert werden. Dies stellt sicher, dass Sie jede Gelegenheit nutzen, Ihre Kunden und Interessenten mit dem jeweils für sie maßgebenden Medium zu erreichen.

Omni-Channel

Die Steigerung zu Multi- und Cross-Channel ist Omni-Channel, in dem sämtliche Kanäle parallel bedient werden (Omni lat. ganz, jeder, alles).

Multioptionale Kunden nutzen multiple Kommunikationskanäle. Unternehmen sind hier noch mehr gefordert, die richtigen Informationen zur richtigen Zeit am richtigen Ort bereitzustellen.

Abbildung 9: Omni-Channel-Methode (Quelle: Förster & Förster Archiv)

Sämtliche Produktinformationen müssen zentral erfasst und verwaltet werden – kunden-, medien- und markenkonform. Mitarbeiter aus der Kundenkommunikation müssen auf eine zentrale Quelle zugreifen können. Mit einem Konfigurator muss es möglich sein, nach Bedarf auf einfache und schnelle Weise gedruckte Medien, E-Mail- oder Onlineinformationen zu erstellen. Diese große Aufgabe – die Spitze der Pyramide Kundenkommunikation 3.0 – wird im letzten Kapitel behandelt.

Die Informationsgeber aus der Entwicklung, Marketing und Produktmanagement müssen dies über eine einzige Plattform realisieren können. Neben der klassischen Lokalisierung durch verschiedene Fremdsprachen kommt künftig noch die Integration von Customer Translation hinzu, die „Lokalisierung" für unterschiedliche Zielgruppen. „Multilinguale Kundenansprache" bekommt im Omni-Channel eine vollkommen neue Bedeutung.

Der Weg einer Customer Journey

Weltweit agierende Konzerne müssen in der Lage sein, die Omni-Kanäle einzelnen Ländern anzupassen und spezielle Inhalte zur Verfügung zu stellen. Aber auch für den Einzelhändler um die

Abbildung 10: Integrierte Omni-Kanäle (Quelle: Förster & Förster Archiv)

Ecke bedeutet das, Omni-Channel in sein Ladengeschäftsmodell wie Online-Couponing etc. zu integrieren.

Customer Translation Campaigns – E-Mail-Kommunikation

In einer Fünftelsekunde kannst du eine Botschaft rund um die Welt senden. Aber es kann Jahre dauern, bis sie von der Außenseite eines Menschenschädels nach innen dringt.

Charles F. Kettering

Die E-Mail genießt in der Kundenkommunikation nach wie vor einen hohen Stellenwert. E-Mails sind wie geschaffen für zielgerichtete Kommunikation, durch Kampagnen gesteuert. Sie lassen sich einfach erstellen, sind kostengünstig und bestens dafür geeignet, kundenspezifische Informationen zu beinhalten.

Auch die Möglichkeit, Rückkanäle zu nutzen und somit Kundendaten zu präzisieren, spricht für die E-Mail. Viele Wege führen nach Rom und genauso viele zum Kunden.

Service sollte in Zukunft als Produkt und nicht als nötiges Übel gesehen werden. Denn wenn man sich im Service schlecht verkauft, wirkt sich das negativ auf den Verkauf von Produkten aus.

Ein weiterer Fakt, der für die E-Mail als zukunftweisendes Instrument spricht: „Im Jahr 2013 gibt es weltweit 3,6 Milliarden aktive E-Mail- Accounts. Diese Zahl wird sich bis 2017 auf über 4,9 Milliarden erhöhen." (Radicati, 2012)

Eine positive Kundenerfahrung hängt stark davon ab, ob ein Kunde oder Mitarbeiter relevante Informationen in einer verständlichen Sprache und in dem für ihn richtigen Moment erhält. Man schätzt, dass mehr als zwei Drittel aller Unternehmen in Europa E-Mails zur gezielten Kundenakquise einsetzen; diese Zahl unterstreicht das enorme Potential, das in E-Mail-Kampagnen steckt. Beliebt sind nach wie vor Newsletter und die allgemeine Kundenkommunikation wie auch der BtoB-Austausch.

Ereignisgesteuerte Trigger-Mails

Trigger-Mails sind eine sehr kostengünstige und effektive E-Mail-Variante, die sich durch einen hohen Automatisierungsgrad und eine treffsichere Personalisierung auszeichnet.

Wenn man dem Kunden beispielsweise direkt nach dem Bestellen eines Newsletters eine Begrüßungsmail sendet, kann man mit großer Sicherheit annehmen, dass beim Kunden genau in diesem Moment noch Interesse besteht und er die E-Mail aufmerksam wahrnimmt. Das Erreichen der höchsten Relevanz und der damit verbundenen Aufmerksamkeit ist somit sichergestellt.

Tritt ein bestimmter Vorfall auf oder entspricht ein Merkmal in der Kundendatenbank einem vorher definierten Ereignis oder Anlass, löst die Software im Hintergrund automatisch den E-Mail-Versand aus.

Im Marketing wird zwischen ereignis- und anlassgesteuerten Kampagnen unterschieden:

Ereignis
Ein Geburtstag, ein besonderer Stichtag (z.B. zehn Jahre Kundentreue) oder eine Rabattaktion können Auslöser einer einzelnen Kampagne sein – per Post oder via Internet.

Anlass
Der Kauf in einem Webshop, das Abonnieren eines Newsletters, der Besuch auf einer Homepage, Kaufbestätigungen, der aktuelle Versandstatus, eine Registrierung oder eine Abfrage über die Zufriedenheit für einen geleisteten Service – all das sind Anlässe für Einzelkampagnen. Auch nicht eingetretene Anlässe können eine E-Mail auslösen. Beispielsweise wenn ein Kunde längere Zeit nicht auf seinen Account zugreift. Solche Reaktivierungsmails erweitern das Potential der Kundenkommunikation enorm. Die Öffnungs- und Klickrate ist bei anlassbezogenen Aktionen relativ hoch, weil die Informationen für den Kunden relevant sind.

Mit Trigger-Mails lassen sich Kampagnen an den Kundenzyklus und an Kaufprozesse perfekt anpassen. Das Tauziehen um den Kunden gewinnt derjenige, der die Zeichen der Zeit erkannt hat und sie herausragend umsetzt.

E-Mail-Kampagnen

Die E-Mail ist, noch vor Suchmaschinen, der wirkungsstärkste Marketingkanal.

(Datran Media Survey, 2010)

Neue E-Mail-Kampagnen zu erstellen ist meist kompliziert, da zahlreiche Text- und Layoutelemente, Bilder, Downloads sowie Multimedia-Elemente zusammengebracht werden müssen. Ein Ziel von E-Mail-Kampagnen und deren Software ist es, diese Elemente sinnvoll zusammenzuführen, damit sie zentral verwaltet und eingesetzt werden können.

Ein Beispiel soll das Zusammenspiel einer mehrstufigen E-Mail-Kampagne verdeutlichen:

Erste Stufe
Eine Versicherung sendet eine E-Mail mit Informationen über die Einführung eines neuen Versicherungsprodukts an seine Generaldirektoren und Vertriebsmitarbeiter. Diese können direkt wählen, zu

welchen Details sie weiterführende Informationen wünschen oder direkt eine Broschüre anfordern.

Zweite Stufe
Abhängig von dieser Auswahl erhält der Vertriebsmitarbeiter in der zweiten Stufe eine E-Mail mit den gewünschten Informationen und einem Verzeichnis, das Angaben für ein konkretes Angebot abfragt.

Derjenige, der sich schon in Stufe 1 für eine Broschüre entschieden hat, bekommt sofort einen Link gesendet, der zu dieser Broschüre führt. Auf diese Weise führt das Angebot den Empfänger zu einem Kontaktpunkt, der Landing Page, wo ihm die Infos bereitgestellt werden.

Mitarbeiter, die auf die erste E-Mail nicht reagiert haben, erhalten ein Erinnerungsschreiben, eine Follow-up-Mail.

Dritte Stufe
Denjenigen, die in der zweiten Stufe das Verzeichnis ausgefüllt haben, übermittelt man ein auf ihren Angaben basierendes, maßgeschneidertes Angebot, das nur noch durch einen Klick bestätigt werden muss.

Diese komplexe Form der gesteuerten Kundenkommunikation ist auf kanalübergreifende Kundenerfahrungen ausgerichtet. Damit unterstützt sie das Marketing dabei, ihre Botschaften, Übersetzungen und Markenelemente problemlos für mehrere Kanäle zu erstellen, zu verwenden, zu optimieren, wiederzuverwenden und anzupassen.

„In den USA ist E-Mail ganz vorne. 56 Prozent der Unternehmen erhöhen 2013 ihr Budget für E-Mail-Marketing.“ (Strongmail, 2013)

Unternehmen müssen lernen, ihre Kundendaten bei jedem Kontakt weiter auszuweiten und zu verfeinern. Das stellt eine optimale Zielgruppenansprache (Targeting) sicher. Cross-Channel und Campaign-Management werden in den nächsten Jahren eines der Top-Themen im Management sein. „Jeder im E-Mail-Marketing eingesetzte Dollar bringt durchschnittlich 44,25 Dollar ein.“ (Experian, 2013)

Closed-Loop-Kampagnen

Beim Closed-Loop-Marketing geht es in erster Linie um Marketing in einem geschlossenen Kreislauf. Allgemein heißt das: ein Kreislauf von der Produktentwicklung hin zum Endkunden und zurück. Dieses Vorgehen umfasst die höchste personalisierte Kundenkommunikation: das Automatisieren von E-Mail-Kampagnen, die permanente Datenerfassung und den regelmäßigen Austausch von Daten.

Dieser Ansatz steht auf dem Fundament, ein Produkt nach Kundenwünschen und deren Nachfrage zu entwickeln und einzuführen. Statt wie bisher eine Zielgruppe für ein Produkt auszuwählen. Closed-Loop-Marketing funktioniert dann gut, wenn das Unternehmen die Sprache des Kunden spricht und Customer Translation Management in den Loop integriert wird.

Der Bedarf, die Erwartungen, die Lebenswelt und die Sprache des Kunden werden am Markt analysiert. Das Produkt alleine reicht nicht – auch die Qualität, der Preis und der Kundenservice müssen den Kundenerwartungen entsprechen.

Das ist Kundenkommunikation 3.0: Erst wenn der Bedarf im Markt erfasst ist, kann man anfangen, ein Produkt und dessen Kommunikationskonzept zu planen. Inhalte werden zielgruppengerecht aufbereitet, wiederverwendet und über die vom Nutzer bevorzugten Kanäle auf ihr gewünschtes Endgerät versendet oder in den Briefkasten gesteckt.

Mitarbeiter aller Abteilungen, die im Kundenkontakt stehen, von der Telefonzentrale über den Verkauf bis zum Kundenservice, sollten durch alle Kanäle die Reaktionen des Kunden, dessen Erwartungen und Verhalten einschätzen, nach Möglichkeit messen und analysieren.

Data- und Web-Mining

Es (Data Mining) ist ein Prozess des Entdeckens bedeutsamer neuer Zusammenhänge, Muster und Trends durch die Analyse großer Datensätze mittels Mustererkennung sowie statistischer und mathematischer Verfahren.

Eric Brethenoux

Wörtlich übersetzt geht es bei Data-Mining um den „Daten-Bergbau“. Dieser hat die Aufgabe, aus einem Berg von Daten über das Nutzerverhalten von Kunden und Interessenten etwas Sinnvolles und Relevantes herauszufiltern. Eine immense Herausforderung, aus riesigen Datenmengen Regelmäßigkeiten, Gesetzmäßigkeiten und verborgene Zusammenhänge zu erkennen.

Big Data: Die Rückseite der Medaille
Wer denkt, dass Internet und insbesondere bekannte Suchmaschinen wie Google kostenlos seien – der irrt. Wir bezahlen diese Dienste mit unseren Daten – einem neuen Währungssystem. Es fehlen Normen und Werte, die User und Kunden vor Identitätsklau schützen. Private Unternehmen sammeln mit intelligenten Algorithmen eine Unmenge an Daten und verfügen über diese in einem unsicheren Rechtsraum.

Wie der Diebstahl von Kundendaten in Konzernen wie Adobe und Vodafone zeigt, ist Datenschutz für viele Unternehmen noch ausbaufähig. Gleichsam ist es fraglich, wie diese sich vor sogenannten Insidern schützen können. So gab Vodafone im September 2013 bekannt, dass der Konzern das Opfer von Datendieben geworden war. Mit Insiderwissen war Zugang zu einem Server erlangt worden, so dass Daten wie Name, Adresse, Geburtsdatum, Geschlecht, Bankleitzahl und Kontonummer von zwei Millionen Kunden kopiert werden konnten.

Auch Fälle wie die immer wieder deutschen Steuerbehörden angebotenen „Steuersünder-CDs“ aus der Schweiz, welche gestohlene Datensätze von Bankkunden enthalten, oder auch die Enthüllungen des Ex-NSA-Mitarbeiters Edward Snowden 2013 zeigen auf, wie Unternehmen und staatliche Institutionen mit privaten Daten umgehen. Wenn Konzerne vertrauliche Kundendaten an Geheimdienste weitergeben (müssen), wer kann dann deren Missbrauch ausschließen?

„In ganz vielen Fällen gelingt ein Schutz vor verräterischen Insidern überhaupt nicht. Insider als Angreifer werden definitiv unterschätzt", sagt Hannes Federrath, IT-Sicherheitsexperte der Universität Hamburg. Wie oft in alten Verträgen unterzeichnet werden musste, dass man kein Mitglied bei Scientology sei, sollten Firmen heute in Verträgen zusichern, keine Daten an die NSA und andere Geheimdienste weiterzugeben. Leider lässt dies die aktuelle Gesetzeslage nicht zu.

Im Umgang mit Big Data und Data Mining muss daher das Thema Datenschutz bei Unternehmen und Mitarbeitern stets im Hinterkopf präsent sein. Der sichere und vertrauliche Umgang mit Kundendaten sollte unbedingt zur Unternehmensphilosophie gehören und im Leitbild verankert sein. Sonst wird „der Kunde im Mittelpunkt" zur Farce und Unternehmen verlieren an Vertrauen.

Während man unter Data Mining das Sammeln von Verhaltensdaten im Allgemeinen versteht, geht es beim Web-Mining um Daten (unbekannter) Besucher einer Homepage, den so genannten Surfern. Deren Verhalten auf einer Internetseite kann festgehalten werden, so dass sich enorme Datenmengen ergeben, die nach einem intelligenten Verfahren sortiert und ausgewertet werden können. Die Verhaltensmuster lassen sich in Gruppen und in Personas[6] zusammenfassen.

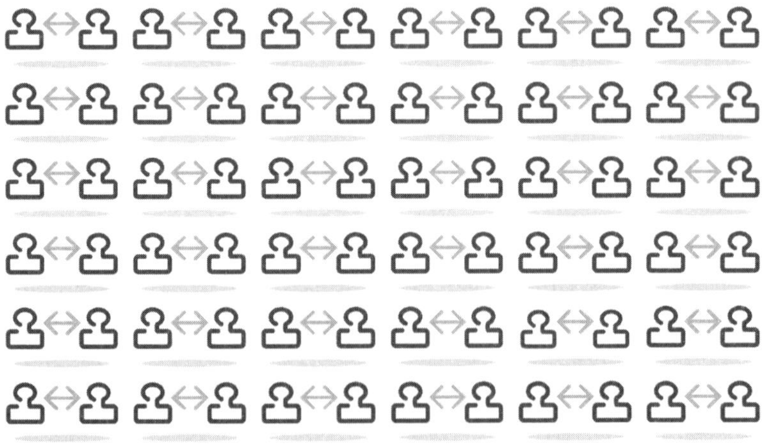

Abbildung 11: Ratespiel Personas (Quelle: Förster & Förster Archiv)

6 Personas sind Prototypen von Verhaltensmustern in bestimmten Zielgruppen.

Ein Ratespiel soll veranschaulichen, um was es geht: Entdecken Sie in Abbildung 11 drei Muster, die von der Norm abweichen?

Haben Sie die drei Abweichungen gefunden?

Auflösung: In der dritten Reihe finden Sie zwei Personas, deren Öffnungen am Hals nach rechts statt nach links gerichtet sind. Das vorletzte Pärchen von rechts in der zweitletzten Reihe ist verkleinert dargestellt.

Im Gegensatz zu Typologien sind Personas Gruppen von Personen, die ein gleichartiges Verhalten, Bedürfnis oder Ziel haben. Abhängig von Produkten, Märkten und Unternehmen lassen sich immer wieder neue Personas definieren. Im Customer Translation Management geht man noch ein Stück weiter. Man ordnet diese Personas den typologischen Archetypen zu und damit den vier Grundfunktionen der Sprache. Beim „Übersetzen" in die Kundenkommunikation 3.0 werden die auf diese Weise generierten typologischen Personas mit unterschiedlichen Worten angesprochen. Dies erfordert komplexe und intelligente Werkzeuge, die im folgenden Abschnitt zur Sprache kommen.

Bei Data- und Web-Mining werden jede Art von Kunden- und Nichtkunden-Beziehungen genutzt. In jedem Durchlauf einer Kampagne werden neue Verhaltensdaten gesammelt, ausgewertet und die Zielgruppendaten geschärft. Somit werden die künftige Kundenansprache und der Sprachstil verfeinert. Mit jedem Kampagnendurchlauf verbessert sich die Kundenkommunikation.

Neue Einsichten werden in die laufende Kampagne eingespeist. So schließt sich am Ende der Kreis. Der Kunde profitiert von diesem Zyklus, da er immer gezielter angesprochen wird und nur die Informationen erhält, die ihn interessieren oder die er tatsächlich benötigt. Das Marketing kann den Kreislauf jederzeit kontrollieren und optimieren. Die Kunst liegt darin, die Erkenntnisse aus den komplexen Datenbergen in verständlicher visueller Form darzustellen.

CT-Konfigurator: Einblick und Ausblick

Konfiguratoren werden in der technischen Industrie, im Werkzeugbau, in der Konstruktion und Architektur genutzt, um zum Beispiel Kunden virtuell Lösungen und Alternativen vorstellen und anbieten zu können.

Solche Produkt-Konfiguratoren werden je nach Einsatz im Internet, auf Notebooks oder auf CAD-Workstations betrieben.

Auch im Onlinehandel spielen Konfiguratoren eine wichtige Rolle, wenn es darum geht, aus einer meist standardisierten Vielzahl an Varianten, Formaten und Farben auszuwählen und auf diese Weise individuelle Produkte für die Herstellung zu realisieren: T-Shirts, Müslimischungen, Parfümkreationen, Haftpflichtversicherungen. Firmenlogos, Postkarten-Druck und -Versand oder Print- und Werbeprodukte wie Flyer, Visitenkarten, Fotobücher, USB-Stick- oder Kugelschreiber-Gestaltung bis zum Book-on-Demand lassen sich online konfigurieren.

Konsumenten sind Konfiguratoren vor allem aus der Automobilbranche bekannt und sehr beliebt. Als Mercedes-Benz den ersten Auto-Konfigurator auf den Markt brachte, der auch auf allen mobilen Endgeräten wie Smartphones und Tablet-PCs nutzbar ist, gab es eine große Nachfrage. Dieser Konfigurator ging inzwischen weltweit in verschiedenen Sprachen auf den Markt.

Kundenkommunikation 3.0 industrialisieren

So wie technische Konfiguratoren Produktausstattungen zusammenstellen können, ermöglicht es der Costumer-Translation (CT)-Konfigurator, hochkomplexe interne und externe Kampagnen zu realisieren.

Dieses Modell besteht aus ineinandergreifenden Komponenten, in denen zuerst der Kunde kommt und dann der Inhalt folgt:

1. Customer Configurator
   Managementsystem mit Data-Mining-Funktionen zum Erstellen, Verwalten, Steuern, Simulieren, Analysieren und Kontrollieren.
2. Content Configurator
   Multilinguales Editier- und Redaktionssystem (multilingual im Sinne von mehrsprachig und typologisch) zum Erstellen, Gestal-

ten, Analysieren und Optimieren gestützt mit Content und Templates.

Mit diesem CT-Konfigurator lassen sich mehrere Webseiten, Landing-Pages, Onlineauftritte, digitale Kanäle, E-Mail-Marketingkampagnen und gedruckte Werbeunterlagen wie Flyer und Broschüren einfach erstellen, koordinieren, steuern und durch Rückkanäle das Empfängerverhalten (Kunden/Mitarbeiter) auswerten.

Zusammengefasst verfolgt der CT-Konfigurator folgende Ziele:
- Komplexität vereinfachen durch Reduzieren von Komplexitätstreibern,
- Informationsflut eindämmen und Zeitaufwand der Wissensschöpfung reduzieren,
- Produktivität der Kommunikation steigern und kostenoptimierte Inhalte produzieren,
- dauerhaft hochwertige Qualität liefern,
- Time-to-Market verkürzen,
- Verständnis mit Hilfe eines durchgängigen Kommunikationsmodells erhöhen sowie
- Prozessschritte greifbar machen und Transparenz für die Informationsabläufe herstellen.

Es geht darum, ein ganzheitliches Kundenkommunikationssystem zu realisieren, sodass Bezugsgruppen über diverse Kanäle auf deren Erwartungen zugeschnittene Botschaften erhalten – ganz gleich, ob es sich dabei um Online- oder Printmedien handelt.

In diesem System werden zunächst Zielgruppen nach informationsrelevanten (Inhalt), demografischen (Funktion) und typologischen Merkmalen (Verhalten) ermittelt und verortet. Auch die Angaben zu Job-Funktionen, Aufgaben, sozialen Kompetenzen, fachbezogenem Informationsbedarf und vier typologischen Kundenziele werden definiert (Leistung, Stetigkeit, Veränderung, Zufriedenheit).

Themenbereiche werden komprimiert und nach ihren typischen Funktionen in der Strategie verortet, damit Informationen leicht und nachvollziehbar zugeordnet werden können.

Schreib- und Informationsprozesse sollen verschlankt und weitestgehend automatisiert werden. Das beinhaltet auch, Texte softwaregestützt zu optimieren. Wichtig ist es hierbei, den Aufwand beim Erstellen von Informationen zu senken, die Konsistenz in der

Kommunikation zu steigern (u.a. Terminologie, Markenkonsistenz, Zielgruppenkonsistenz). Dies geschieht über ein integriertes Regelwerk.

Danach folgt die Modularisierung: Inhaltsbausteine werden nach der kleinsten und größten möglichen/sinnvollen Informationseinheit definiert und in die Lösungen zur Sprachverwaltung von Inhaltsbausteinen und -segmenten implementiert.

Standardisierte Inhalte für individualisierte Kommunikation
Eine systemübergreifende, einfache Datenpflege bedeutet, dass beispielsweise eine geänderte Produktbeschreibung durchgängig, an allen Stellen, wo sie vorkommt, geändert wird, um zu verhindern, dass veraltete Informationen außer Haus gegeben werden.

Eine Konzeption für nutzenorientierte und benutzerfreundliche Produktinformationen sollte frühzeitig erarbeitet und ständig optimiert werden (z.B. in Flyern, Broschüren und Briefen).

Prozesse im Konfigurator
Um beim Erstellen und Versenden von Informationen und Inhalten einen bestmöglichen Ablauf zu erzielen, empfiehlt sich die Step-by-step Methode – hier am Beispiel eines Bankenkonzerns beschrieben.

Nehmen wir an, die Produktentwickler der Fantasia-Bank wollen ein neues Finanzanlagen-Paket einführen. Sie versorgen die Vertriebsdirektion mit entsprechenden Zahlen, Daten und Fakten. Nun gilt es, interne und externe Vertriebsmitarbeiter zu informieren und zu schulen. Dies kann über verschiedenste Kanäle und Medien geschehen. Bislang waren das bei der Fantasia-Bank meist PowerPoint-Präsentationen, Kurzvideos und Handouts.

Im Idealfall wird nun ein in sich geschlossenes fünfstufiges System per CT-Prozess mit Hilfe des CT-Konfigurators in Gang gesetzt:

1. Stufe: Redaktionskonferenz
Diese Konferenz besteht aus verantwortlichen „Chefredakteuren" der jeweiligen Abteilungen. Sie fungieren als Steuerungs-, Freigabe- und Controlling-Organ. Die Konferenz hat die Funktion, eine Kampagne gemeinsam abzustimmen und diese anzulegen. Sie gibt die internen (Vertrieb) und externen Zielgruppen (Bestands- und Neukunden), Menge und Umfang der Inhalte, Medien und damit ver-

bundene Templates sowie Terminvorgaben an projektverantwortliche Redakteure weiter.

Den gesamten Vorgang bezeichne ich als elektronischen „Laufzettel", der die Zielvorgaben bei Produkteinführungen klar benennt: Vertriebsmitarbeiter müssen das neue Produkt soweit verstehen, dass sie die neuen Vorteile und deren Argumente aus Kundensicht kennen und aktiv in der Beratung einsetzen können. Außerdem erhalten die Redakteure per „Laufzettel" alle relevanten Informationen, die für das Erstellen der Inhalte wichtig und von Nutzen sind.

Die Redaktionskonferenz erteilt den zuständigen Redakteuren den Projektauftrag. Beispiel eines „Laufzettels":

CT-Konfigurator Funktionen	
	Arbeitsplattform zur automatisierten Simulation und Steuerung der Kampagne
	interne Zielgruppen (Vertrieb) simulieren und konfigurieren
	externe Zielgruppen (Bestands- und Neukunden) simulieren und konfigurieren
	Menge und Umfang der Inhalte ermitteln
	Medien generieren und damit verbundene Templates bereitstellen
	Termine vorgeben und überwachen
	Zielgruppen-Verhalten visualisieren
	Folgekampagnen als Reaktion auf das Verhalten oder als Follow-up auslösen
	Umsetzungserfolge der Kampagne messen

Tabelle 12: Beispiel eines Redaktionslaufzettels (Quelle: Förster & Förster Archiv)

2. Stufe: Ressortleitung

Ressortleiter verantworten den nächsten Teilabschnitt. Nach dem Auftragseingang übernehmen sie die Steuerung und das Controlling. Sie ergänzen den „Laufzettel" mit detaillierten Vorgaben und delegieren die Aufgaben an die Informationsersteller, die „Redakteure" bzw. Texter.

3. Stufe: Redaktion (intern/extern)
Die Redakteure beginnen mit der softwaregestützten Textgestaltung über Regelwerke auf Basis von Vorlagen (Layout und Content-Templates sowie Stil und Inszenierung-Module in Text und Bild).

CT-Redaktionssystem-Funktionen	
Corporate Wording® Engineering	Automatisierte Infoerstellung mit einem umfangreichen CT Content Model • Regelwerk, Filter und Informationsarchitektur für Marktsegmente, Produktkategorien, Kundenprofile mit deren Interessen • Corporate Wording® Manual mit Richtlinien (Pflicht), Empfehlungen (Kür), Definitionen für strukturierte Text- und Themensegmente (typologische Topics) • Leitfaden für typologische Grundstile und standardisierte Text-Inszenierungen
	Templates konfigurieren und zentral verwalten
	Usability-Tests mit favorisierten Layouts durchführen
	Aktualisierungen in alle Medien übernehmen
	Informationen nur einmal erfassen und in verschiedenen Medien nutzen (Memory)
	Abweichungen von Sprachregeln und Terminologie-Vorgaben automatisch korrigieren
	Textanalyse und Textoptimierung (Lesbarkeit, Konsistenz, Wortvielfalt und Emotionsgehalt)
	Gezielte Wort- und Bildwahl für Personas (Lebenswelten spiegeln) und Typologien (Zielgruppenansprache: informieren, garantieren, inspirieren, sympathisieren)

Tabelle 13: Beispiel für softwaregestütztes Arbeiten (Quelle: Förster & Förster Archiv)

4. Stufe: Ressortleitung
Der Ressortleiter prüft die vom Redakteur erstellten Inhalte auf Richtigkeit und sendet sie ihm gegebenenfalls zur Korrektur zurück. Sind die Inhalte qualitativ einwandfrei, werden sie im letzten Schritt vom Ressortleiter an die Redaktionskonferenz weitergegeben und durchlaufen einen standardisierten Freigabeprozess.

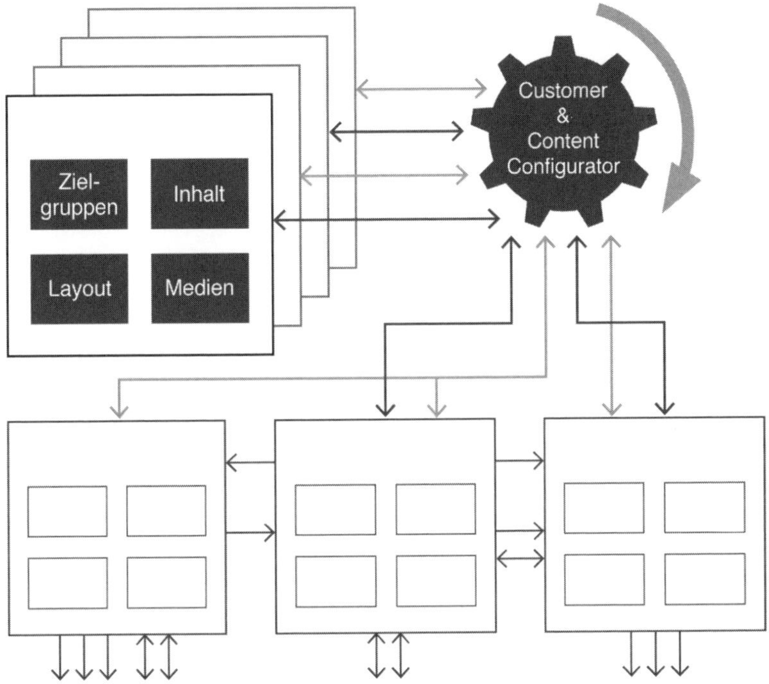

Abbildung 12: CT-Konfigurator (Quelle: Förster & Förster Archiv)

5. Stufe: Redaktionskonferenz

Nach der Freigabe startet die Redaktionskonferenz die Vertriebskampagne. Durch gezieltes Controlling können Rückschlüsse daraus gezogen werden, welcher Vertriebsmitarbeiter welche Information in welcher Form bevorzugt. Diese Rückkanäle helfen, mit jedem Durchlauf den einzelnen Empfänger präziser ansprechen zu können.

Eine weitere Möglichkeit bieten A/B-Tests. Hierbei werden Zielgruppen in zwei Testgruppen (A/B) gesplittet. So wird eine Kampagne der gleichen Zielgruppe einmal in der Originalversion und einmal in einer veränderten Form gegeneinander getestet.

Der große Nutzen des CT-Konfigurators besteht darin, dass Inhalte letztendlich in Erfahrungen umgewandelt werden – dies schneller, leichter und kostengünstiger als je zuvor.

Zusammenfassung: Aus Kundensicht Kampagnen lenken lernen

von Matthias Heyn und und Dennis Dofferhoff[1]

Den Begriff „Kampagne“ verbindet man zunächst mit den Wahlkämpfen in der Politik, in deren Kontext auch der Beruf des Kampagnenmanagers entstand. Er organisiert und koordiniert den operationellen Ablauf einer zeitlich befristeten Aktion – der Kampagne mit einem klar definierten Ziel, etwa dem Beeinflussen von Wahlen oder Abstimmungen. Auf eine möglichst große Breitenwirkung ausgelegt, wurde zu Beginn vorwiegend Massenkommunikation eingesetzt. Die jüngsten amerikanischen Politkampagnen setzen den Trend und verwenden mehr und mehr digitale Medien wie Internet, Blogs, Mobilgeräte und deren Einbindung in soziale Medien.

Um große und komplexe Kampagnen zu orchestrieren, verwenden Manager spezialisierte Werkzeuge, sogenannte Kampagnenmanagement-Tools. Diese unterstützen die direkte Steuerung und die Kontrolle der wesentlichen Elemente. Dies sind: zeitliche Abläufe, koordiniertes Zusammenwirken mehrerer Personen, kontinuierliches Messen des Kampagnenerfolgs, das Verwenden von Kampagnenressourcen und das Einbinden der unterschiedlichen Kommunikationskanäle im Kontakt mit der Öffentlichkeit, wie es in diesem Ratgeber zuvor detailliert dargestellt wurde.

Im Kern sind Kampagnen charakterisiert durch:
- ein Kampagnenziel,
- die zeitliche Begrenzung,
- oft in mehrere Phasen stattfindende Aktionen,
- Auswahl von geeigneten Kommunikationsinhalten,
- Auswahl der geeigneten Kommunikationsformen und
- Koordinierung von Ressourcen.

Ist das Kampagnenziel messbar, kann der Erfolg einer Kampagne einfach bestimmt werden, dann ist eine Wahl zum Beispiel gewonnen oder verloren. Ist eine Wirkung während einer Kampagne quantifizierbar, so kann deren Effizienz in den Teilphasen gemessen werden, so wie etwa in der Politik zum Tag X gemessen werden kann, ob Umfragewerte gestiegen oder gefallen sind. In der Praxis

1 Matthias Heyn ist VP Global Solutions von SDL, Dennis Dofferhoff ist Business Solutions Consultant Continental Europe von SDL

ist es oft schwierig, den Anteil zu bestimmen, den die Kampagne zum Erreichen vorgegebener Ziele beigetragen hat. Doch stellen wir uns die Frage: Was wäre das Ergebnis gewesen, hätte es keine Kampagne gegeben?

Marketingkampagnen
Im kommerziellen Umfeld sind Kampagnen – analog der Wahlkampagnen – als Mittel der Kundenkommunikation etabliert. Im Direktmarketing, also der direkten Ansprache des Kunden, haben sie eine lange Geschichte. Sie sind meist so konstruiert, dass ein messbares Ziel definiert wird. Wie viele Coupons wurden eingelöst, wie viele E-Mails geöffnet, wie oft wurde eine vorbereitete Landing Page aufgerufen etc.?

Kampagnen im Marketing können sehr unterschiedliche Ziele verfolgen. Meist geht es um das Beeinflussen von Kaufentscheidungen, das Optimieren von Konversionsraten, Verfolgen von taktischen Zielen, Vermeiden von Kundenabwanderung bis hin zu generischer Markenbildung bzw. Markenwahrung.

Interessanterweise wurde in der Vergangenheit meist die Kommunikationsform, also das für die Kampagne gewählte Medium („Channel") in den Vordergrund gestellt. Diese Sichtweise wurde weitgehend revidiert.

Kommunikationskanäle

Ähnlich wie in der Politik wurden ursprünglich, aus heutiger Sicht „traditionelle Kanäle", TV, Radio, Printmedien oder Postwurfsendung verwendet, denen ein einseitiges Eins-zu-Vielen-Kommunikationsmodell zu Grunde liegt. Das heißt, eine Nachricht wird von einem Punkt aus an viele Teilnehmer über einen Kanal geschickt, das ist Broadcasting. Später kamen persönlichere Methoden zum Zuge, wie der Kontakt per Telemarketing oder das Einbinden von digitalen Kanälen in der „Eins-zu-Vielen-Massenkommunikation", wie E-Mail oder SMS.

Zwei Methoden sind hier von besonderem Interesse: das Telemarketing, das die Erfordernis der Organisation und Massierung von Kundendaten nach sich zog („one customer view"), und das E-Mail-Marketing als einer der ersten digitalen Kanäle.

Telemarketing

Kampagnen werden zum Optimieren von Verkaufsprozessen im Direktvertrieb via Telefon organisiert, vorwiegend im Sinne eines Verkaufstrichters („Sales Funnel“). Innerhalb einer solchen Kampagne kann auch das einzelne Gespräch als „1:1-Kampagne“ interpretiert werden, zum Beispiel als Telefonat oder persönliches Gespräch als Aktion dem Ziel der Qualifizierung.

Beim Telemarketing hatten Unternehmen ursprünglich oft mehrere unterschiedliche Systeme/Prozesse im Einsatz, die sich oft noch in den Länderorganisationen unterschieden. Das Zuweisen von Kundendatensätzen zu den Callcentern erwies sich als komplex und zeitaufwändig. Abhilfe schufen bestimmte Telemarketing-Systeme, die mit einer zentralisierten Kundendatenbank verbunden wurden. Ein solch zentralisiertes Kundenbeziehungs-Management-System vereinfachte den Qualifizierungsprozess. Die Orchestrierung verbesserte die Kundenkommunikation nachhaltig. Dies aber oft nur aus Unternehmenssicht (denken wir an hartnäckige Telemarketing-Kampagnen, die uns selbst betreffen).

Wichtig für Sie ist, dass CRM der Ausgangspunkt für die werbliche Organisation von Kundendaten ist und als solches eine wesentliche Quelle von Kundendaten in Kampagnenmanagement darstellt.

E-Mail-Marketing

E-Mail-Marketing ermöglichte es, in der Kundenkommunikation neue Wege zu gehen. Das Verlinken von Inhalten und Medien und die Integration mit einer Unternehmensseite oder mit der E-Mail inhaltlich synchronisierter Webseiten (z.B. Landing Pages) wurden möglich.

Die E-Mail an sich ist ein persönlicher Kanal, dieser wurde und wird weitestgehend zur Massenkommunikation verwendet. Dies führte bei Kunden oft zu negativen Reaktionen, wie etwa das Deklarieren bestimmter E-Mail-Adressen als „Spam“. Die rechtliche Situation war weniger stringent, Spam war eine neue Erfahrung und „Big Data“ noch nicht ganz so big.

E-Mail als digitaler Onlinekanal hat das Repertoire der Kommunikationsformen von Kampagnen sinnvoll erweitert. Sie war eine gute und preiswerte Alternative zum Telemarketing. Interaktive Web-Formulare stellten eine kostengünstige Alternative zu Umfragen dar. Dies ist vergleichbar mit dem Beseitigen der Druckkosten durch elektronisches Publizieren via Blogs, Sites, Online-Journals, PDFs. E-Mail-Kampagnen sind scheinbar kostengünstig, effektiv und werden zunehmend populär. Aspekte wie das Automatisieren des Versandes und das automatische Erfassen der Interaktionen (E-Mail empfangen, öffnen, Link verfolgen …) haben das Aufkommen sehr schnell steigen lassen.

Technische Herausforderungen wie der rasche Versand von mehreren Millionen E-Mails führten zur Entwicklung von spezialisierten Systemen. Listengesteuerte Personalisierungen von E-Mails (Name, Alter, Geschlecht usw.) wurden eingeführt. Die elektronische Post wurde in Form und Inhalt an spezifische Teilgruppen angepasst. Entsprechend spielte die Kundensegmentierung eine zunehmend wichtigere Rolle. Tests wurden eingeführt: Kommunikationseffizienz konnte durch den Versand von zwei Varianten einer E-Mail an die gleiche Empfängergruppe verglichen werden (A/B-Tests). In einem weiteren Schritt wurden E-Mails, ähnlich wie strukturierte Texte, in Inhaltsblöcke zerlegt und mehrere Varianten dieser Blöcke gegeneinander getestet (multi-variance testing).

Strategien zum Vermeiden von Spams wurde von beiden Seiten betrieben: Die Empfänger wehren sich mittels E-Mail-Filter oder dem Blockieren von versendenden Servern (blacklisting). Und die Versender von Massen-E-Mails entwickelten Strategien zur Personalisierung und Kundensegmentierung. In diesem Spannungsfeld werden immer noch viele E-Mails nicht empfangen oder gelesen.

Wichtig für Ihre künftige Weichenstellung: Eine Konsequenz aus dieser Entwicklung ist, dass sich Kampagnenmanagement und E-Mail-Management zunehmend verzahnen. Kampagnenmanagement-Systeme haben E-Mail-Funktionalitäten aufgenommen (Versand und Kampagnenfunktion) und E-Mail-Management ermöglicht einfache Kampagnen-Funktionen wie die Ablaufplanung von Phasen und Prozessen.

Zum Einsatz mehrerer Medien

In Multi-Channel-Kampagnen – dem klassischen Mehrkanal-Marketing unter Einsatz verschiedener Medien – ist es besonders wichtig, dass für den Empfänger die Inhalte aus verschiedenen Kanälen in sich stimmig erscheinen. Einzelaktionen in mehreren Schritten, die Multi-Step-Kampagnen, sind zum Erinnern praktisch. Ein gutes Beispiel sind Countdown-E-Mails über Zusatzangebote eines Reiseveranstalters, die an Kunden gehen, welche einen Urlaub gebucht haben. Bei den Cross-Channel-Kampagnen bestimmt der Kunde, welchen Kanal, zu welchem Zeitpunkt er innerhalb einer Kampagne nutzt. Bucht er zum Beispiel einen Kurzurlaub über eine mobile Webseite, kann es sein, dass er die Bestätigung über einen Twitter-Tweet sendet und dort einen Link zu einer Webseite für detailliertere Informationen nutzt. Omni-Channel-Kampagnen leiten sich aus Cross-Channel-Kampagnen ab. Hier wird die gleiche Botschaft über mehrere vom Kunden bevorzugte Kanäle verteilt. Bei diesen Prozessen wird es immer wichtiger, dass Zeit und Logik stimmen. Mehrere Kampagnen können dann auch ineinanderfließen. Daraus entstehen komplexe Kanäle mit Strömen in verschiedene Richtungen – Kanäle, die sich kaskadenförmig verzweigen und bei denen einzelne Daten verschiedene neue Funktionen auslösen können. Dazu braucht es exakte Ablaufpläne und eine intelligente Software, die auf Kundenhandlungen reagieren und weitere Ereignisse auslösen können (z.B. wenn/dann oder nach X Tagen oder zum Zeitpunkt X).

Kommunikationsinhalte

Konzeptuell ist das dominierende Kommunikationsmodell durch das mechanistische Sender-Empfänger-Modell von Shannon-Weaver geprägt. Kommunikation wird als Übertragung einer Nachricht vom Sender zu einem Empfänger mittels eines Übertragungskanals (Channel) beschrieben. Im Falle einer Kampagne kann dies zum Beispiel eine E-Mail des Senders an viele Empfänger sein. Die unterschiedlichen Kommunikationsformen wie z.B. Text-Message, E-Mail, Blog, TV-Spot, Plakat, Hochglanzbroschüre usw. fungieren als mögliche Kanäle.

Dieses Modell ist in der Kundenkommunikation wenig erfolgreich, wie es Andreas Förster dargestellt hat. Gelungene Kommunikation beginnt mit dem Verständnis des Empfängers. Man muss das Modell also umkehren: Wer den Empfänger sehr gut kennt, seine Bedürfnisse und Situation klar einschätzen kann, kann auch relevante Inhalte im richtigen Kontext und der richtigen Sprachebene versenden. Erst die personalisierte Kommunikation hat eine Chance beim

Empfänger als relevant beachtet zu werden und ist in diesem Sinne auch für den Sender zielführend.

Alle wesentlichen kundenzentrierten Neuerungen in der Kundenkommunikation 2.0 hatten indirekt mit der Umkehrung dieses Modells zu tun. Die relevanten Schlagwörter sind Personalisierung, Kundenanalyse, Testverfahren, voraussagende Analyse (predictive analytics), Segmentierung, Targeting, Inbound Marketing und das Closed-Loop-Marketing.

Personalisierung

Um eine relevante wie personalisierte E-Mail zu verschicken, reicht es nicht aus, den Namen der Adressaten auszutauschen. Sehr viel Wissen über ein Individuum ist notwendig, um eine im hohen Maß personalisierte Botschaft zu versenden.

Ein Modell mit typologischen Gruppen kann helfen, gezielter Personen auf Grundlage allgemeiner Erkenntnisse anzusprechen und Inhalte auf den jeweils für die einzelne Gruppe relevanten Umfang zu begrenzen (Corporate Wording® 4-Farben-Sprachmethode nach H.-P. Förster).

Im Unterschied zu CRM, das auf dem Direktvertriebsmodell fußt, verfolgen Marketingkampagnen oft sehr unterschiedliche strategische oder taktische Ziele. Sie benötigen daher ein Kampagnenmanagement-System mit umfangreichen abteilungsübergreifenden Kundendaten.

Oft sind dies finanzielle Transaktionsdaten, Planungsdaten zu zeitlichen Abläufen, analytische Daten und Fakten aus dem CRM System. Ergänzt werden diese Werte durch sekundärstatistische Typologie- und Milieudaten, gewonnenen Einsichten aus sozialen Medien, geografischen Größen, bis hin zur Echtzeiterfassung von Kundenverhalten. Hier fließen zahlreiche heterogene Kundeninformationen zusammen.

Dem eigentlichen Versenden sind also zahlreiche Schritte vorgelagert, die ausschließlich mit dem Verständnis des Empfängers zu tun haben. In der digitalen Welt ist es zunehmend möglich, dem Kunden zuzuhören, ihn aufmerksam zu beobachten, um letztendlich ein Verständnis zu gewinnen, wer der Kunde ist, was er tut, wo er ist, wo er war und was er will.

Erst wenn genügend Einsichten vorhanden sind, kann zielgerichtete, relevante Kommunikation stattfinden. Technisch gesehen bedeutet dies, dass Kundenanalyse-Werkzeuge und Instrumente zur Kundensegmentierung zum Ausgangspunkt vom Kampagnenmanagement werden.

Die genaue Beobachtung, das Lernen, Verstehen und Kommunizieren auf der Basis der individuellen Verhaltensweise von bekannten Kunden ist aber immer noch ein vom Sender gesteuerter Prozess – von Ihnen und Ihren Mitarbeitern.

Der anonyme Kunde

Was tun, wenn man einem anonymen Kunden gegenübersteht? Jemandem, von dem man keine Datenbank- oder Listeneinträge hat? In der digitalen Welt ist der potentielle, aber anonyme Kunde der Normalfall. Viele der digitalen Verhaltensbeobachtungen werden zunächst einmal von unbekannten Menschen verursacht. In diesem Umfeld formiert sich eine Methode, die auf Verhaltenseinsichten, Orchestrierung und kontextuellen Erfahrungen basiert.

Hier hat das Management eine neue Aufgabe: das Verbinden und der Abgleich von onlineerfassten Information mit bereits vorliegenden Kundendaten. Und dies meist in Echtzeit. Es ist der Versuch, bekannte Kunden mit unbekannten digital Agierenden in Verbindung zu bringen.

Diese Herausforderung hat dazu geführt, dass Analysewerkzeuge in eine zentrale Position im Kampagnenmanagement gerückt sind und eine sehr enge Verzahnung der einzelnen Marketingsysteme in ein integriertes gesundheitliches Marketingsystem („integrated marketing suite") notwendig wurde.

Die Einsichten, die durch die Kombination bestehender Datenquellen mit weitreichenden analytischen Funktionalitäten gewonnen werden, steuern Kampagnen, logische Prozessabläufe und Kommunikationsmodalitäten. Man muss sich vor Augen halten, dass ein Teil von „Big Data" aus einem massiven Volumen von digital vorliegenden Antwort- und Verhaltensdaten besteht. Diese können dazu verwendet werden, eine nächste Phase oder einen weiteren Schritt innerhalb einer Kampagne zu steuern. Kampagnenschritte „lauern" quasi auf eine bestimmte Verhaltensweise, um ausgeführt zu werden.

Kampagnenergebnisse bewerten

Kampagnen haben dann Erfolg, wenn sie regelmäßig gemessen und mit Hilfe der Rücklauf-Daten geeicht werden. Informationsbausteine müssen daher eindeutig codiert werden, um festzustellen, wer welche Bausteine bevorzugt. Medien- bzw. Endgeräte-Vorlieben sind ebenfalls zu ermitteln. Dies erfordert eine große Flexibilität von Kampagnenmanagement-Systemen mit flexiblen, variablen Funktionen.

Es empfiehlt sich, Testgruppen zu verwenden, um die Wirkung einer bestimmten Kampagne, wie das Versenden eines E-Mail-Angebots zu analysieren. Kampagnentests bieten eine gute Basis, um die Logik, den Durchfluss und die Funktionalität zu überprüfen. Das Abrufen dynamischer und vollautomatischer Kampagnenergebnisse ist wichtig, damit über Response-Daten bisher unbekannte Empfänger identifiziert werden können. Dies ermöglicht Closed-Loop-Kampagnen in Echtzeit. Realtime oder Beinahe-Echtzeit-Response-Daten sind künftig der Schlüssel, um die Kundenerfahrung positiv zu unterstützen und zu optimieren.

Fazit

Künftig ist das Bündeln von Datenquellen enorm wichtig. Silo-Denken ist nicht mehr angesagt. Die Inhalte von Nachrichten werden immer persönlicher, individueller und damit relevanter als je zuvor. Das Orchestrieren der Kundenkommunikation 3.0 mit Fokus auf den Kunden steht im Mittelpunkt allen Handelns. „In der Welt von morgen" werden die Daten und die Erfahrungen daraus, die wir heute sammeln, der Maßstab für den Erfolg des Unternehmens sein, das vom Kunden „(mit)gesteuert" wird. Kampagnenmanager sind somit heute gefordert, sich diesen anspruchsvollen Herausforderungen zu stellen.

Nachwort

von Klaus Lehmann[1],
Entwickler der „Kompatiblen Anwender-Dialog-Sprache“ (KADS)

Dieses Buch hat die Problematik der Content-Komplexität in der Kundenkommunikation aufgezeigt und im Kapitel 3 zukunftsweisende Lösungen aufgezeigt. Gern zeige ich Ihnen zum Schluss die Brücke von Kundenkommunikation 3.0 zu KADS:

„Vor einem Vierteljahr begann man, KADS-Lösungen bei Kunden zu installieren. In München entstand eine Individual-Software für ein Unternehmen, das Direktwerbung betreibt. Hier werden vollautomatisch an ca. 1.000 Personen in vier Sprachen und bis zu 14 Ländern Briefe über ein KADS-Programm zusammengestellt und gedruckt. Im Stuttgarter Raum ist eine Branchenlösung für Immobiliemakler entstanden. Interessentendaten, Objektdaten und Exposé-Texte werden gespeichert. Angebotsnachweis, Angebotswiederholung bei Preisreduzierung und ein Auskunftssystem ‚Wem wurde was angeboten?‘ sind darin integriert.

Jeder weiß, dass man ein gesetztes Ziel, gemeint ist hier ein Textstandardpaket, nur begrenzt erweitern kann. Ein Standardprogramm deckt in der Regel 95 Prozent aller Anwendungsfälle ab. Für alle, die mit ihren Textsystemen mehr tun wollen, als eben nur Briefe schreiben, wurde KADS entwickelt. Das leidige Thema Wiedervorlage kann leicht bewältigt werden. In einer Fachabteilung können mehrstufige Folgeverarbeitungen programmiert werden, wie die Angebotsschreibung. In den Führungsebenen, wo es darauf ankommt, permanent aktuell und umfassend informiert zu sein, sind schnell geschriebene KADS-Programme gute Hilfen zur Vertriebssteuerung.

KADS besteht aus 15 mächtigen, anwendungsorientierten Makrobefehlen. Dies ist eine überschaubare Größenordnung, die dem Neuling den Einstieg erleichtert. Es werden bestehende Dateistrukturen, Logik und Unterprogrammtechnik und von der

---

1 Klaus Lehmann, Dipl.-Ing. (FH) ist Spezialist für programmierbare Textverarbeitung und war u.a. bei Hohner Computer, Nixdorf, CTM, Apple und Oracle tätig. Heute führt er als freier Referent Web-Seminare rund um die Methode der 4-Farben-Sprache durch.

Textverarbeitung die Formulargestaltung sowie Textabrufe bzw. Textverknüpfungen übernommen. Einzeln sind diese Merkmale schon lange bekannt. Neu ist hier, dass diese Merkmale jetzt ‚in einer Hand, in einer Sprache' vereint vorkommen."

Neugierig auf KADS? Sollten Sie jetzt danach „googeln", werden Sie Einträge wie „K.A.D.S. Kinder auf die Straße", oder „Künstler an die Schulen" entdecken oder in Wikipedia auf den Hinweis des Expertensystems „Knowledge Acquisition and Documentation Structuring" stoßen. Der Grund dafür: Meinen Artikel über KADS veröffentlichte ich genau vor 31 Jahren (!), und Andreas Förster hat ihn wieder zu neuem Leben erweckt. Das Erstaunliche daran:

Mit der Mengenbewältigung „Big Data" und der Kommunikationsqualität sind beide Herausforderungen über die Jahre gleich geblieben. Die steigende Mengenbewältigung hat man mit fortschreitender Technik gut in den Griff bekommen. Anfang der 1970er Jahre waren Speichermedien wie Lochstreifen und Magnetkarten „in". Es folgten Magnetbandkassetten, Disketten, Festplatten und inzwischen ist Content-Speicherung in der Cloud nahezu unbegrenzt. Die Qualität der Kundenkommunikation droht jedoch ständig zu sinken. Auch aufgrund der immer größer werdenden überregional agierenden Betriebe oder gar globalen Unternehmen steigt die Zahl der zu betreuenden Kunden pro Mitarbeiter stetig an. Für einen einzelnen Vorgang bleibt immer weniger Zeit – die Folge ist ein Qualitätsverlust in der Kommunikation. Kunden, die sich an „die gute alte Zeit" erinnern, sind frustriert und springen ab. Die Lösung kann nun heißen: konsequente Nutzung aller heute angebotenen Softwarelösungen. Zielgruppenspezifische Textbaustein-Standards sorgfältig erarbeitet, liefern per Mausklick (früher hätte man formuliert: fast auf Knopfdruck) eine hochwertige, individuelle Kommunikation, entlasten den Mitarbeiter in der Kundenorganisation und garantieren obendrein noch die „CI" des Unternehmens.

So gehöre ich zu jener Spezies, die die Dekaden seit der Kundenkommunikation 1.0 miterlebt haben, und freue mich, in dieser Form an der „Stunde Null der Kundenkommunikation 3.0" mitwirken zu können. Ich wünsche allen Lesern (und Kunden), dass Sie durch passende Wortwahl und begeisternde Texte die Gunst Ihrer Kunden gewinnen – gleich, welche Technologie Sie dafür einsetzen und welche Dekaden der Kundenkommunikation Sie künftig durchwandern werden!

Bild- und Tabellennachweis

Literaturverzeichnis

Brethenoux, Erick, in: Hannig, Uwe (2002): Knowledge Management und Business Intelligence, Springer.

Datran Media (2010): Datran Media Announces Fourth Annual 2010 Marketing Survey Results, www.marketwired.com/press-release/datran-media-announces-fourth-annual-2010-marketing-survey-results-1165725.htm

Experian (2013): Cross-Channel Marketing, www.experian.de/marketing-services/cross-channel-marketing.html

Förster H.-P. (2003): Corporate Wording®. Die Erfolgsfaktoren für erfolgreiche Kommunikation, Frankfurter Allgemeine Buch.

Förster H.-P., Rost, G., Thiermeyer, M. (2010): Corporate Wording®. Die Erfolgsfaktoren für erfolgreiche Kommunikation, Frankfurter Allgemeine Buch.

Förster, H.-P., A. Förster (2011): Zielgruppen-Brief-Baukasten, metaphix.

Förster, H.-P. (2011): Texten wie ein Profi, Frankfurter Allgemeine Buch.

Genesys (2012): „Executives Unsure About Where the Buck Stops for New Customer Communication Channels", www.genesys.com/about-genesys/newsroom/news/executives-unsure-about-where-the-buck-stops-for-new-customer-communication

Heise, David (2007): Expressive Order: Confirming Sentiments in Social Actions, Springer.

Heuser, Uwe Jean (2004): Wem sollen die Menschen in Deutschland folgen?, Die Zeit.

Huhn, G. (2006): Flow-Forscher im Film „Democratic Schools" von Jan Gabbert.

Kock, S. (2010): Chancen und Risiken von Brick & Click: Multi-Channel-Marketing im Bekleidungseinzelhandel, Igel Verlag.

Nelson, Scott D. (2012): Agenda for Customer Strategy and Experience Management, Gartner.

Pfeiffer, Werner und Enno Weiß (1. Januar 1994): Lean Management. Grundlagen der Führung und Organisation lernender Unternehmen, Erich Schmidt Verlag.

Pricewaterhouse Coopers (20. November 2012): Der Kunde ist König – auch online!

Radicati, T. (2012): Email Statistics Report, http://www.radicati.com

Riemann, F. (2009): Grundformen der Angst, Erich Reinhardt Verlag.

Schwarz, T., Braun, G. (2012): Leitfaden Integrierte Kommunikation. Wie Web 2.0 das Marketing revolutioniert, Verlag Torsten Schwarz.

SMP AG (2012): Kunden interessieren vernetzte Angebote im Handel kaum, www.smp-ag.de.

Staehle, Wolfgang H., Management. Eine verhaltenswissenschaftliche Perspektive. 8. Auflage Vahlen, München 1999, S. 543.

Strongmail (2013): Marketing Trends Survey, www.strongmail.com

Vestergaard, B. (2013): Wie Change-Prozesse gelingen. Harvard Business Manager.

Wikipedia. (2013): Der goldene Schuß,
https://de.wikipedia.org/wiki/Der_goldene_Schuß

Wittgenstein, L. (1953): Philosophische Untersuchungen, Suhrkamp.

Wulfert, B. E. (1954): Verkaufskunst im Fotohandel, Agfa.

Zimbardo, P.G., Gerrig, R.J. (1999): Psychologie, Springer.

Stichwortverzeichnis

Der Autor

Andreas Förster ist Corporate Wording®-Juniorpartner von Hans-Peter Förster. Er ist Co-Autor mehrerer Fachbücher und Nachschlagewerke sowie Mit-Initiator der „CW Virtual Academy". Mit neuen Akzenten entwickelt er Strategie, Methode und Software-Tools rund um die 4-Farben-Sprachmethode weiter. Seine Erfahrungen als Mitglied der Digital-Nativ-Generation fließen ebenso in die Entwicklung von Blended-Learning Studienprogrammen für Hochschul-/ Business School-Absolventen mit ein.

Als Autor von „Kundenkommunikation" hat er mit seinem Customer Translation Managementmodell neue Wege der Generation 3.0 beschritten. Förster gibt sein Wissen rund um CW-Engineering, Content-Management sowie neuen Modellen in der Kommunikation in Seminaren und Projekten weiter.